JN171222

気候変動の農業への影響と対策の評価

古家　淳　編著

養賢堂発売

まえがき

2015年12月にパリで開催されたCOP 21では、産業革命前に比べて全世界の平均気温を2℃未満の上昇に抑えることを目標とした。農業部門の温室効果ガス（GHG）排出量の総GHG排出量に占める割合は、FAOのデータによると2011年において39%と非常に高い。農業分野におけるGHG排出量をできるだけ少なくする、あるいはGHGを吸収する技術の開発は極めて重要である。

また、目標が達成されたとしても、世界の平均気温が今後少なくとも1℃以上上昇することは避けられず、気温上昇が、農産物の生産、とりわけすでに気温の高い熱帯地域での生産に大きな影響を及ぼすことが予想される。我が国においても、コメの白濁化やリンゴの日焼けなどの現象が観察されるようになった。このような状況において、気温上昇が農産物生産と消費者に及ぼす影響の正確な評価を行うと共に、高温に適応する農業技術の開発を速やかに進める必要がある。

気候変動を緩和する技術とそれに適応する技術の開発は、もちろん必要ではあるが、その数は極めて多い。それでは、限られた財政の中で、どの技術の開発に力を注げばよいのだろうか。ある技術を開発し、その効果が他の技術に比べて大きいとしても、その対象となる農産物が限られているならば、普及する可能性が小さいかもしれない。また、その開発と普及に要する費用が、GHG削減の効果や適応の効果に比べて高ければ、農家が実際にその技術を用いることはないだろう。

焦眉の急である気候変動に対する対策技術の開発は、経済的な評価を伴うものでなければならない。本書では、新に開発した分析モデルと最新のデータを用いた、気候変動の農業分野での影響予測と対策の評価の試みを報告する。

2016年9月

国立研究開発法人　国際農林水産業研究センター
社会科学領域　古家　淳

目　次

表紙カバー写真上：サイクロンの被害を受けたバングラデシュの農村
〃　　　　下：農業・食品産業技術総合研究機構北海道農業研究センター芽室研究拠点における土壌炭素隔離の実験

序章　プロジェクトの背景・課題と本書の要約

古家　淳

1. はじめに

IPCC（気候変動に関する政府間パネル）（2013）は、今世紀末までに2000年に比べて気温が4.8℃上昇し、海面が82cm上昇すると報告している。このような気候変動は食料生産に影響を与えると考えられている。Peng *et al.*(2004) は、もし生育期間の最低気温が1℃上昇すれば、乾期におけるコメ収量（面積あたり生産量）が10% 減少すると報告した。また West *et al.*(2003) は、もし平均気温が1℃上昇すれば、ホルスタイン種の生乳生産量が、1日あたり0.88kg減少すると予測した。

このような気候変動に応じた生産量の減少や生産物の品質の劣化に対して、食料および林産物生産分野における対策技術の開発が進められている。対策技術は大きく緩和技術と適応技術に分類される。緩和技術は、温室効果ガスをフローとしてあるいはストックとして削減する技術である。フロー削減技術は、農産物の生産過程において排出される温室効果ガスの削減技術であり、たとえば家畜の排泄物からのメタンガスの発生量を減少させる技術が含まれる。ストック削減技術は、空中に存在している温室効果ガスの削減技術であり、たとえば建材への木材利用を促進する技術が含まれる。一方、適応技術は、気温上昇や干ばつなどの気候変動に伴う現象に生産を対応させる技術であり、たとえば高温下でも栽培が可能な作物の開発が含まれる。

技術開発の一環として、農林水産省の農林水産技術会議事務局は、食料と林産物生産に関わる気候変動に対する緩和技術と適応技術の開発のプロジェクトを進めた。本書は、そのプロジェクトで開発された農業の緩和および適応技術の経済評価を担当した研究チーム（サブプロジェクトA-7）の活動を紹介するものである。

これら緩和および適応技術を評価し、また、気候変動が農産物市場と他産業へ与える影響を評価するために、地域農業モデル、応用一般均衡モデル、世界食料モデルの3種類の経済モデルを用いた。気候変動の対策技術の経済評価は、これまでに例のないものである。気候変動対策技術の経済評価研究チームの活動内容の概要を以下に紹介したい。

2．プロジェクト課題の概要

農林水産省が委託した気候変動対策技術の開発プロジェクトは、7つのサブプロジェクトから構成される。サブプロジェクトA-1（Yagi 2013）、A-2、A-3は、農業、林業、水産業における緩和技術、サブプロジェクトA-4、A-5、A-6は、農業、林業、水産業における適応技術の開発を行い、サブプロジェクトA-7は、農林水産業の緩和および適応技術の経済的評価と気候変動の農産物市場への影響予測を行った。経済評価と影響予測を実施した主体は、国際農林水産業研究センター、農業・食品産業技術総合研究機構・農村工学研究所、麗澤大学、北海道大学、筑波大学に所属する農業経済と環境経済の研究者であった。

経済評価に関わるサブプロジェクトには、次の6つのプログラムがあった。(1) 気候変動が日本と世界の食料需給に与える影響の評価、(2) 代表的な適応技術の地域農業における評価、(3) 農産物に対する消費者選好の分析、(4) 代表的な緩和技術と適応技術の導入に対する消費者余剰の変化の分析、(5) サブプロジェクトA-1、A-2、A-3で開発された緩和技術の経済的評価、(6) サブプロジェクトA-4、A-5、A-6で開発された適応技術の経済的評価。

図0-1に、各サブプロジェクトと、緩和技術と適応技術の経済評価に関わるサブプロジェクトのプログラムの間の関係を示した（各プログラムで使用した手法の概略については、Boxを参照されたい）。気候変数の予測値と実測値は、サブプロジェクトA-4から提供され、これらのデータを世界食料モデル、地域農業モデル、応用一般均衡モデル（CGE）で用いた。世界食料モデルを用いて、世界各国の食料供給に気候変動が与える影響を明らかにし、また、地域農業モデルやCGEモデルにより、中干し期間の延長や高温耐性品種の普及のような代表的な緩和技術や適応技術の効果を明らかにした。このCGEモデルは、従来の農産物

と気候変動への対策を講じた農産物の代替の弾力性を含んでいた(註1)。これら3つのモデルを正確な技術評価のために用いたが、しかしながら、他のサブプロジェクトで開発される多くの気候変動への対策技術をこれらのモデルで評価することは困難であった。そこで、それぞれの緩和技術の評価には費用便益分析、適応技術の評価には投入産出モデルを基礎とする簡易なモデルを用いた。

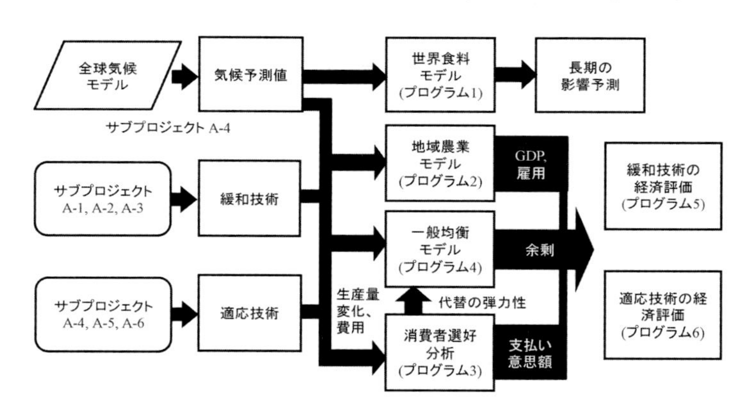

図 0-1　サブプロジェクト、プログラム間の関係

以下に6つのプログラムの概要を示す。

(1) プログラム1：世界の食料市場に対する気候変動の影響

気候変動が農産物の市場に与える影響を評価するための長期予測用の世界食料モデルを開発した。IPCCの代表的濃度経路シナリオと共通社会経済シナリオに基づく気候予測値とマクロ経済変数を世界食料モデルに挿入し、気候変動が各国の食料供給に与える影響を分析した。

(2) プログラム2：適応技術の普及が地域農業と関連産業に与える影響

北海道、東北、北陸、関東・東山、東海、近畿、中国、四国、九州地域の地域別の分析が可能な計量経済モデルを開発すると共に、社会会計行列を基礎とする地域CGEモデルを開発し、適応技術の普及が、北海道、東北、関東・甲信越、中部・近畿、中四国、九州の6つの地域の農業生産に与える影響を分析した。

⑶ プログラム3：消費者選好分析

離散選択実験を用いて、輸入農産物と国産農産物の代替性を明らかにした。求めた2財の弾力性を消費者余剰分析での設定に活用した。

⑷ プログラム4：緩和技術と適応技術の普及が消費者余剰の変化に与える影響

主要な農産物の分析が可能な動学的CGEモデルを開発し、今世紀末までの予測を示した。このモデルを用い、適応技術の普及の効果を等価変分によって表された消費者余剰の変化によって分析した(註2)。

⑸ プログラム5：プロジェクトで開発された緩和技術の経済的評価

サブプロジェクトA-1、A-2、A-3で開発された、緩和技術の温室効果ガス（GHG）の排出削減量と導入費用のデータをこれらの技術の経済的評価のために収集した。費用便益比と共にこれら緩和技術の普及の効果を数値化し、その結果をそれぞれの技術の開発者にフィードバックした。

⑹ プログラム6：プロジェクトで開発された適応技術の経済的評価

作物、畜産、水産物の生産量は、気候変動によって減少することが予想されている。適応技術は、これらの減少傾向を食い止めるものと期待されている。サブプロジェクトA-4、A-5、A-6で開発された適応技術の気候変動下での生産量回復率と技術導入の費用などのデータをこれらの技術の経済的評価のために収集した。これらの適応技術の普及の効果を数値化するために、簡易な投入産出モデルを開発し、それぞれの技術の開発者に配付した。

これら6つのプログラムから構成される、サブプロジェクトA-7の実施期間は、2010年から2014年までであり、当初の計画通りに実行された。対象地域は日本全国であり、気候変動が海外からの輸入量に与える影響を把握するために、世界各国・地域の作物の生産の動向も分析した。

3．サブプロジェクト課題の独自性

他のサブプロジェクトで開発された緩和および適応技術の社会への実装を考える際に、その経済的評価は不可欠である。各技術の開発責任者に気候変動に対する生産量回復率のような技術の物理的効果を示していただき、これらの技術の全国あるいは各地域における費用便益比、波及効果の分析をサブプロジェクトA-7で開発した計量経済モデルを用いて実施した。

Tran and Daim（2008）は、公共分野および民間企業の意思決定のための技術評価の方法を分類した。彼らの分類では、構造方程式モデルとシステムダイナミクスは、公共分野での技術評価法に、費用便益分析は、民間企業の技術評価法に分類されている。サブプロジェクトA-7において、技術評価モデルは、その結果の利用者を考慮して選択された。代表的な緩和および適応技術は、需給モデルやCGEなどの構造方程式モデルを用いて評価され、想定する利用者は、政策立案者である。プロジェクトで開発された緩和技術は、費用便益分析を用いて評価され、想定する利用者は、それらの技術の開発者である。なお、プロジェクトで開発された適応技術については、投入産出モデルを基礎とする簡易化された評価モデルをスプレッドシートに組み込み、それを配付し、開発者自らが評価できるようにした。このように体系化された技術評価モデルの開発は、他に類を見ないものである。

4．主要な分析結果

サブプロジェクトA-7における各プログラムの主要な分析結果を以下にプログラム順に示す。なお、各プログラムの成果の詳細は、本書の各章、およびJapan Agricultural Research Quarterly（JARQ）の49巻2号（特集号）に示している[註3]。

（1）気候変動が世界の作物生産に及ぼす影響

Furuya and Koyama（2005）は、気候変動の影響評価が可能な世界食料モデルを開発し、そのモデルは、20年から30年先の予測を対象とする中期モデルであった。これに対し、50年から100年先の予測を対象とする長期予測用のモデルを開発中であり、その一部として、コメ、小麦、トウモロコシ、大豆の収量の経年変化を予測する関数（収量トレンド関数）を計測した。さらに、作物の生長をコンピュータ上でシミュレーションするために開発されたFAOの作物モデル（Doorenbos and Kassam 1979）のパラメータを用いて、気温と日射量が収量（面積あたり生産量）に与える影響を定量化した。その結果を収量トレンド関数に挿入し、気温と日射量の変化が各作物の収量に与える影響を分析した（Furuya *et al*. 2015）。

2つの代表的濃度経路シナリオ（RCP 4.5 と RCP 6.0）の気候予測値の下での収量を気候予測値が2007年－2009年の平均値のまま変化しないとするベースラインシナリオの収量と比較した。RCP 4.5 と RCP 6.0 は、2100年時点において、ベースラインと比べて、太陽からのエネルギーを保持する能力がそれぞれ2、3倍に、二酸化炭素濃度がそれぞれ1.5倍、2倍になるシナリオである。

図 0-2 に、シミュレーションの例として我が国のコメ収量の推移を示した。気候変動は、若干収量を引き上げる。RCP 4.5 と RCP 6.0 の2041年から2050年までの1 ha あたりの平均の収量はそれぞれ5.91 t および5.73 t であり、ベースライン値は5.72 t であった。

国・地域別に気候変動のコメ、小麦、トウモロコシ、大豆収量への影響を分析した結果、途上国の多い低緯度地域の国々がその影響を受け、特に、2040年代ではサハラ以南のアフリカ諸国において、小麦とトウモロコシの生産が気候変動の影響を大きく受けることが明らかとなった(註4)。

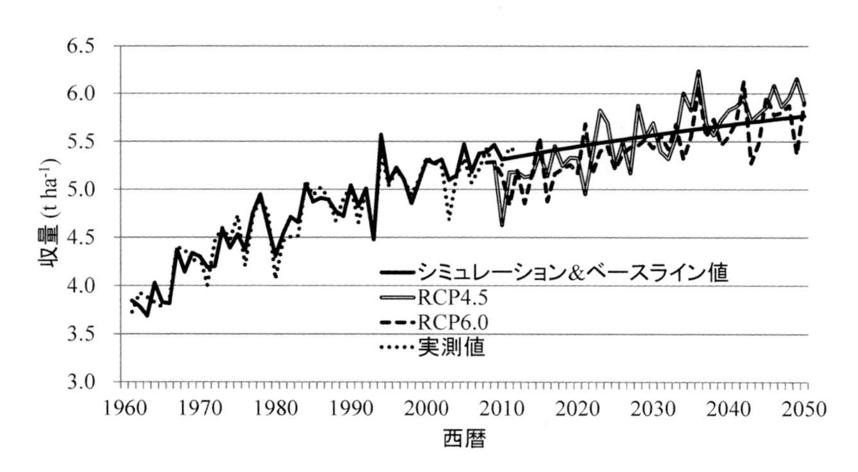

図 0-2　日本におけるコメ収量の推移

(2) 高温耐性品種の評価

Akune *et al.*(2015) は、我が国におけるコメ生産の気候変動に対する適応技術を動学的CGEモデル（DCGE）によって評価した。近年の気温の上昇傾向は、全国のコメの品質低下を導き、一等米の生産量における比率は、通常年において80％程度であるが、記録的な高温年であった2010年では62％であった。高温耐性品種が導入された場合と従来の品種の場合のDCGEモデルのシミュレーション結果を比較し、その効果を評価した。

シミュレーションに際し、最低気温が1℃上昇すれば、一等米の生産量比率は、全国平均で3.57％減少すると仮定し、さらに、高温耐性品種の一等米の収量は、気温が1％上昇すると1.37％減少するとした（河津ら2007）。8月の最低気温が一等米の生産に及ぼす影響が大きいことから、シミュレーションにおける各県の8月の最低気温の値として、IPCCの排出シナリオに関する特別報告書（SRES）のA1Bシナリオに基づいた予測値を用いた。

3つのシナリオがここでの分析で用いられた。シナリオ1は、高温耐性品種が存在しないとするものであり、シナリオ2は、2017年以降に高温耐性品種が普及するものであり、シナリオ3は、2024年以降に高温耐性品種が普及するものである。シナリオは、8月の最低気温が23℃を超える年の予測結果（Iizumi *et al.* 2011）に基づいて設定した。高温耐性品種の導入時期の違いが国民経済に与える影響について、シナリオ2と3の結果を比較し検討した。ここで、基準年の財・サービスの価格で経済全体の変化を評価することとして、2030年までの温暖化の下での、高温耐性品種の導入に対する経済評価を行った。

表0-1に、高温耐性品種導入年の違いに対する影響の相違を示した。年間平均損失額で見ると、従来品種のみであれば、気候変数が2005年以降変化しない場合に比べて、年間平均188億円、2017年から2030年までの累計で2,636億円の損失となり、2024年に高温耐性品種を導入すれば、年間86億円、累計で1,205億円の損失となる。さらに早く2017年に高温耐性品種を導入すれば、年間85億円、累計で1,184億円の損失に止まることを明らかにした。

表 0-1　高温耐性品種導入の経済効果（2017-2030）

	2017 年以降の年間平均損失（億円）	2017-2030 年の累計損失額（億円）
従来品種のみ	188	2,636
2017 年に高温耐性品種を導入	85	1,184
2024 年に高温耐性品種を導入	86	1,205

（3）消費者選好分析

国産および輸入農産物に対する、我が国の消費者が想定する代替性を検討するために、ブロッコリー、キウイ、コメ、リンゴを対象とした離散選択実験（Box 参照）を行った。さらに、質問調査を通じて時間割引率を計測した（Aizaki 2014、Aizaki 2015）。CGE モデルなどを用いた経済的シミュレーションシステムは、気候変動が経済に及ぼす影響とその対策評価に用いられてきた。これらの分析において、国産と輸入農産物間の代替性に関する情報は極めて重要である。しかしながら、気候変動が進行した場合、現在の消費者向け市場では（ほとんど）販売されていない農産物の輸入が進み、消費者はその農産物の国産品と輸入品のどちらかを購入する状況になる可能性がある。ところが、そのような農産物の国産品と輸入品の代替性に関する情報は、輸入品が現在の市場では取引されていないため、現実の市場取引に関するデータに基づいて設定することができない。国産の農産物と輸入農産物間の仮想的な代替性に関する情報を得るために、輸入実績の異なる 4 農産物を対象とした選択実験調査を実施した。その結果、国産品と輸入品の間の代替性は、ブロッコリーとキウイでは大きく、コメとリンゴでは小さいことが明らかになった。

（4）気候変動が消費者余剰に与える影響

Kunimitsu（2015）は、気候変動がコメ生産に与える影響を農家（農家所得）、消費者（消費者余剰）、そして農業およびその関連産業とそれら以外の産業部門との相互関係も含めた経済全体（国内総生産：GDP）の 3 点から評価するために、新たな動学的 CGE を開発した。このモデルの特徴は、コメの生産性に対する気候変動の影響を考慮するため、気温等が作物の生長と穀物の品質に与える影響をモデル化して組み込んでいる点である。

気候予測値の変化に基づいて、気候変動が経済に与える影響をこの動学的 CGE モデルを用いて分析した。**表 0-2** に、気候変動に対する農家所得、GDP、消費者余剰の変化を示した。これらの結果は、気候変動によってコメの生産量は増加する一方、コメの消費量はそれほど伸びないため、米価が下落し、消費者の経済的メリット(消費者余剰)が増加することを示している。またコメの生産量増加が、関連産業に他産業から投資を移動させるために、GDP が増加することも示している。しかしながら、このとき、コメの価格と地代が低下するために農家所得が減少することも、この結果が表している。

表 0-2　気候変動に対する農家所得、GDP、消費者余剰の年間の変化

	2005-2050			2051-2100		
	ケース 0[1]	ケース 1[2]	両者の差	ケース 0	ケース 1	両者の差
単位	(兆円)	(兆円)	(億円)	(兆円)	(兆円)	(億円)
農家所得	1.045	1.029	−156	1.167	1.146	−207
GDP	507.467	507.487	198	569.811	569.845	349
消費者余剰	10.318	10.333	150	22.981	23.006	253

1) ケース 0：将来気候変動がないと仮定した場合
2) ケース 1：気候変数が、MIROC の SRES A 1 B にしたがって変化すると仮定した場合

(5) 緩和技術の評価

2010 年にプロジェクトの研究者を対象に実施したアンケートの結果に基づいて、緩和技術の評価方法とサブプロジェクト A-1、A-2、A-3 で開発された緩和技術の評価を行った。このアンケートで収集されたデータは、目標値を含む GHG 排出削減量と導入費用である。

緩和技術の導入費用を次の式から計算した。

$C=$（緩和技術導入の費用）＋（農産物の減収分）×（農産物価格）

また、緩和技術の導入に関わる便益を次の式から計算した。

$B=$（緩和技術導入による GHG 削減量）×（GHG 単位削減量あたり社会的評価額）

費用便益比（$B \div C$）を以上の 2 つの式から求めた。

GHG削減の社会的評価額は、GHGを社会全体で1t減らすために必要となる追加的費用である社会的限界削減費用に等しい(註5)。GHG削減の社会的限界費用は、1990年比の削減目標、7%、15%、25%に対して、それぞれ二酸化炭素1tあたり16,000円、39,000円、88,000円である。これらの値は、2011年の東日本大震災前に実施された研究に基づいている。**表0-3**に、各緩和技術の費用便益比を示した。プロジェクトにおいて開発されたGHG削減技術の中で、M-1技術が最も効率的である。

表0-3　緩和技術の費用便益比

番号	緩和技術	CO_2 1t削減の便益（万円）			CO_2 1t削減の費用便益比		
		削減目標			削減目標		
		7%	15%	25%	7%	15%	25%
C-1	炭素貯留	3.2	7.8	17.6	0.02	0.06	0.14
C-2	炭素貯留	3.2	7.8	17.6	0.05	0.13	0.29
C-3	炭素貯留	5.4	13.2	29.9	0.03	0.07	0.17
C-4	炭素貯留	9.5	23.3	52.7	0.27	0.66	1.51
C-5	炭素貯留	7.9	19.4	43.9	0.05	0.12	0.27
C-6	炭素貯留	3.2	7.8	17.6	0.06	0.16	0.35
M-1	メタン発生抑制	2.4	5.8	13.2	0.79	1.94	4.39
M-2	メタン発生抑制	2.4	5.8	13.2	0.39	0.97	2.20
M-3	メタン発生抑制	0.9	2.3	5.3	0.32	0.78	1.76

(6) 適応技術評価のためのモデル開発

小林ら（2012）とKobayashi and Furuya（2015）は、サブプロジェクトA-4、A-5、A-6で開発された気候変動に対する適応技術を評価するための2つのモデルを開発した。一つのモデルは、適応技術を開発した研究者が用いることのできる簡易なモデルであり、もう一つのモデルは、現実的な仮定に基礎を置く詳細なモデルである。これら2つのモデルの結果を比較し、国際貿易の再現性の違いが、予測値の違いに影響を与えていることなどを明らかにした。この簡易なモデルは、適応技術の評価の進展に大きく寄与することが期待されている。

Box

世界食料モデル：全世界を対象とした、食料に関する需給均衡モデルであり、需要と供給が一致するところで、各国・地域の各農産物の価格や消費量、供給量が求められる。供給量の中に生産量、在庫量、輸出入量が含まれ、生産量は収量と収穫面積から決まる。
地域農業モデル：農産物を対象とした生産に関わる関数を我が国の地域別に計測し、気候変数や土地面積、労働時間の変化が生産量に与える影響を地域別に分析するモデル。
社会会計行列：経済全体を生産要素、税金、家計、政府、投資、貿易などのいくつかの部門に分類し、それぞれを行と列に配置した正方行列。後述の投入産出表を所得、税、補助金など資金の流れまで拡張したもの。
応用一般均衡モデル：一般均衡モデルとは市場で取引されるすべての財の需給均衡を分析するモデルであり、応用一般均衡モデルとは実際にコンピュータ上で均衡解を得られるように、ある財の消費量がゼロにならないなどの制約を加えたモデルである。動学的応用一般均衡モデルとは、機械など変化させにくい生産の要素の投入量が、モデルの中で安定的に決まる、年次別の予測が可能な応用一般均衡モデルである。
費用便益比：ある技術の導入に必要となる費用と、その技術の導入から得られる利益との比である。このとき、将来得られる利益は、現在得られるものとして計算される。
投入産出モデル：投入産出表（産業連関表）とは、供給される財やサービス、付加価値などを行に、生産される財やサービス、最終需要などを列に配置し、それぞれの生産額を記した表であり、縦方向に見た場合、その部門の生産にどの部門からどれだけの投入が行われているかが分かり、横方向に見た場合、その部門の生産物がどの部門にどれだけ供給されているかが分かる。投入産出分析とは、その表を用い、農産物などのある財の需要量や供給量の変化が、他の財の生産に与える影響の分析である。この投入産出表に、気候変動の適応技術の効果や価格計算のモデルなどを加えたモデルを本研究では投入産出モデルと呼ぶ。
選択実験：選択実験とは、仮想的に設定した選択状況において、複数の選択肢を特徴（属性）の集合体として表現し、被験者にいずれか1つを選んでもらうことで、特徴と選択行動との関係を明らかにする調査手法である。本研究では、4品目の農産物を対象として、購入価格、緩和技術が使われたかどうか、生産者が安全性を考慮したかどうかなどの属性について、複数の水準を設定し、それらを組み合わせることで、いくつかの特定の農産物を作成し、どれが好ましいかを被験者にたずねた。

5. 本書の構成

本書は、大きく分けて3つの部門から構成される。最初の部門は、農業の適応および緩和技術の評価に関わる課題であり、プログラム2、5、6に相当するものである。まず、第1章「動学的CGEモデルによる高温耐性品種米普及の経済的評価（阿久根優子）」では、コメ生産における高温耐性品種の導入の効果を土地利用の制約を考慮したCGEモデルによって分析し、高温耐性品種米の普及を農地流動化と合わせて実施すると、経済厚生の改善を大きく進めることを明らかにした。次に、第2章「農業分野の気候変動対策技術開発を支援するための経済評価手法の研究（小林慎太郎）」では、実際に開発された緩和技術と適応技術を評価する場合の問題点を明らかにし、技術に関わる偏りのないデータを収集する方策を提示し、農業技術が品目数と地域数にしたがって多様である点と、評価する対象が農家レベルなのか国レベルなのかという点を整理した上で、緩和技術と適応技術の評価例を示した。

第2の部門は、消費者選好に関わる課題であり、プログラム3に相当するものである。第3章「輸入実績の異なる農産物に対する消費者の好みの比較－経済シミュレーションにおける国産品と輸入品の代替関係の設定に向けて－（合崎英男）」では、選択実験を行い、国産品の価格が上昇したときに、どれだけ輸入品を選択する確率が上昇するかなどを数値で示した。

第3の部門は、気候変動の影響評価に関わる課題であり、プログラム1、2、4に相当する。まず、第4章「気候変動が我が国の農業生産に与える影響－動学的パネルデータ分析－（徳永澄憲・沖山充・池川真里亜）」では、気候変数を含むコメと野菜・いも類の生産関数を動学的パネルデータで計測し、年平均気温が1%上昇すると、コメの生産量が長期では0.55%減少し、野菜・いも類の生産量が長期で1.2%減少することを明らかにした。次に、第5章「将来の気候変動と稲作の総合生産性－マルムクィスト生産性指数で計測した稲作の全要素生産性に対する影響要因－（國光洋二・工藤亮治）」では、統計データから計算した全要素生産性を被説明変数とし、気候変数や収量指数などを説明変数とする回帰式を計測し、2060年以降、西南日本の稲作の生産性が大きく低下することなどを明らかにした。つづく第6章「気候変動と稲作所得、地域経済－動学地域応用一般均衡モデルによるシミュレーション－（國光洋二）」では、稲作に対する気候変動の影響が他産業に波及する効果を分析し、米価が低下する結果、消費者の厚生水準が上昇し、他産業の雇用が増加することなどを明らかにした。

最後の第7章「気候変動が世界の長期の作物生産に与える影響－収量関数への作物モデルの導入－（古家淳）」では、作物モデルの要素を組み込んだ収量関数を4つの主要作物を対象に世界各国・地域について計測し、将来の気候変動下では、2050年までに低緯度地域の各作物の収量が低下することなどを明らかにした。

6. 結果の利用と今後の展開

プロジェクトで開発された緩和技術を普及可能性を考慮した費用便益分析によって評価し、結果を技術を開発した研究者にフィードバックした。また、適応技術評価のための簡易な投入産出モデルを技術を開発した研究者に配付したが、それぞれの評価に利用されることを期待している。さらに、開発した世界食料モデル、地域農業モデル、CGEモデル、国産品と輸入品の代替の弾力性をそれぞれ場合に応じて結合し、各緩和および適応技術の評価に用いることができる。

気候変動に対する緩和および適応技術の評価、ならびに影響評価を目的とするサブプロジェクトの概要と主要な成果を本章において紹介した。緩和および適応技術を市場における需要と供給の関係から評価する研究は、他に例を見ないものである。このサブプロジェクトで開発された評価システムが、気候変動の緩和と、農家の気候変動への適応に貢献することを切に願う。

謝辞

気候変動に対する緩和および適応技術の情報を提供していただいた、農林水産省の気候変動対策プロジェクトのすべての課題担当者に心より感謝したい。また、サブプロジェクト A-4 のメンバーであった農業環境技術研究所の西森基貴氏には、気候変動予測値および実測値を提供していただいた。ここに記して感謝の意を表したい。

（註 1）代替の弾力性とは、2 つの農産物の価格比が 1% 増加したときに、消費量の比が何%減少するかを示す値である。

（註 2）ある財の価格、支出、需要量が 2 つの期間で変化した場合に、変化前の価格を用いて測った支出の変化額を等価変分と呼ぶ。消費者余剰とは、その財の消費から得る効用（満足水準）の価値から支払った額を引いた値である。

（註 3）JARQ 掲載の各論文は、次のウェブサイトからダウンロードできる。
http://www.jircas.affrc.go.jp/kankoubutsu/JARQ/JARQ_index.html

（註 4）国・地域別の気候変動の影響については、第 7 章の図 7-8 を参照されたい。

（註 5）GHG の社会的限界削減費用とは、GHG を社会全体で 1 t 減らすために必要となる追加的費用。GHG の取引市場の存在を仮定し、その市場において削減に関して効率的な技術から用いられる。

引用文献

Aizaki, H. (2014) Technical data on subjective time discount rates measured through a web survey in Japan. *Technical Report of the National Institute for Rural Engineering*, **215**, 219-226.

Aizaki, H. (2015) Examining substitution patterns between domestic and imported agricultural products for broccoli, kiwifruit, rice and apples in Japan. *Japan Agricultural Research Quarterly*, **49**(2), 143-148.

Akune, Y., Okiyama, M., and Tokunaga, S. (2015) Economic evaluation of dissemination of high-temperature-tolerant rice in Japan using a dynamic CGE model. *Japan Agricultural Research Quarterly*, **49**(2),127-133.

Doorenbos, J. and Kassam, A. (1979) *Yield response to water*, FAO irrigation and drainage paper 33, Food and Agriculture Organization of the United Nations, Rome, Italy, pp.193.

Furuya, J. and Koyama, O. (2005) Impacts of climatic change on world agricultural product markets: estimation of macro yield functions. *Japan Agricultural Research Quarterly*, **39**(2), 121-134.

Furuya, J. Kobayashi, S., Yamamoto, Y., and Nishimori, M. (2015) Climate change effects on long-term world-crop production: incorporating a crop model into long-term yield estimates. *Japan Agricultural Research Quarterly*, **49**(2),187-202.

Iizumi, T., Yokozawa, M., and Nishimori, M. (2011) Probabilistic evaluation of climate change impacts on paddy rice productivity in Japan. *Climate Change,* **107**(3-4),391-415.

Intergovernmental Panel on Climate Change (2013) *Working group I contribution to the IPCC Fifth Assessment Report Climate Change 2013: The physical science basis summary for policymakers*, IPCC Working Group I, Geneva, Switzerland, pp.36.

河津俊作・本間香貴・堀江武・白岩立彦（2007）「近年の日本における稲作気象の変化とその水稲収量・外観品質への影響」『日本作物学会紀事』**76**(3),423-432.

小林慎太郎・櫻井一宏・渋澤博幸・古家淳（2012）「農業分野における気候変動適応技術の社会経済的評価手法に関する研究」『環境情報科学学術研究論文集』**26**,19-24.

Kobayashi, S. and Furuya, J. (2015) Development of a tool for socio-economic evaluation of agricultural technologies directed toward adaptation to climate change. *Japan Agricultural Research Quarterly*, **49**(2),135-142.

Kunimitsu, Y. (2015) Regional impacts of long-term climate change on rice production and agricultural income: evidence from computable general equilibrium analysis. *Japan Agricultural Research Quarterly*, **49**(2),173-185.

Peng, S, Huang, J., Sheehy J. E., Laza, R. C., Visperas, R. M., Zhong X., Centeno, G. S., Khush, G. S., and Cassman K. G. (2004) Rice yields decline with higher night temperature from global warming. *Proceedings of the National Academy of Sciences of the United States of America*, **101**(27), 9971-9975.

Tran, T. A. and Daim, T. (2008) A taxonomic review of methods and tools applied in technology assessment. *Technological Forecasting & Social Change*, **75**, 1396-1405.

West, J. W., Mullinix, B. G., and Bernard, J. K. (2003) Effects of hot, humid weather on milk temperature, dry matter intake, and milk yield of lactating dairy cows. *Journal of Dairy Science*, **86**, 232-242.

Yagi, K. (2013) Preface to the special issue "Mitigation greenhouse gas emissions from agriculture." *Soil Science and Plant Nutrition*, **59**,1-2.

第1章　動学的CGEモデルによる高温耐性品種米普及の経済的評価

阿久根　優子

1. はじめに

近年、日本農業の根幹に位置する稲作は気候変動の影響を受けるようになっている。一般に気候変動の影響は量的な側面に注目されることが多いが、本稿では稲作の質的な影響に着目する。これは、猛暑となった2010年のコメの品質と生産量への影響の違い、我が国の消費者の需要特性に理由がある。2010年の一等米比率は62%にとどまり、平年がおよそ80%前後にあることを踏まえると大きく低下した。一方で、生産量は860万トンであり、前後する年の生産量と同水準であった。このように気候変動、特に2010年の夏季の高温は我が国のコメの生産において品質に大きく影響した。また、国内で主食用として消費されるコメの多くが一等米であり、国内の消費者の食に対する品質へのニーズは高い。したがって、こうした消費特性をもつ我が国の主食を供給する稲作では、気候変動による品質面の影響を考慮する必要がある。

気候変動に対する緩和策や適応策の技術的な研究開発は様々な農作物を対象に行われている。水稲での適応策の1つの例として、夏季の高温においても品質への影響が少ないことが特徴の高温耐性品種米が挙げられる。2010年の一等米比率を比較すると、福岡県、佐賀県及び大分県では、非高温耐性の既存品種米が15%から40%であったのに対して、高温耐性品種米は70%から90%であった。さらに、それまで比較的高温障害が生じていなかった新潟県では既存品種米の21%に対して高温耐性品種米は53%であった。このように高温耐性品種米は猛暑においても品質低下しない品種として実績を上げており、農林水産省のレポート（2015）によると同品種米の作付面積は毎年1万ha程度増加し、2014年では全国の作付面積の5%程度になっている。

気候変動に対する農産物生産の影響や適応策を考えるとき、多くは農業生産者のためという側面が強調されるが、生産供給での変動は経済的な影響として農業に従事していない一般消費者も受ける。例えば、高温障害により一等米の供給量が減少すれば、その希少性が高まり価格は上昇する。消費者は、所得上昇が価格上昇分を上回らない状態では、コメだけでなく他の財の消費抑制も考慮して購買行動を行わなければならない。結果として、消費者は全体として消費を減少しなければならず、経済厚生は悪化するかもしれない。一方で、生産量は変動せず一等米比率が下がるということは、加工用のコメの供給量は増加しそれに伴って加工用米の価格は低下する。これは、コメを原材料として使用する食品製造業や外食企業にとっては、原材料費の抑制、自らの商品の価格競争力強化を可能にする。このような財の供給は消費者の経済厚生を上げる可能性もある。さらに、稲作では、一等米の希少性の高まりによる価格上昇がその程度によっては生産のインセンティブになりえる。このような多様な財の需給を生産活動の投入産出状況を明示的に扱って包括的に分析する手法の 1 つとして応用一般均衡モデル（以下、CGE モデル）がある。

日本の農業に関して CGE モデルを用いた研究として、Ichioka and Tachibanaki（1989）、齋藤（1996a, 1996b）、Kunimitsu（2009）、福田・近藤（2012）、Adi and Tokunaga（2006）、Tanaka and Hosoe（2011）が挙げられる。これらの着目点は、Ichioka and Tachibanaki（1989）は農産物の貿易自由化、齋藤（1996a、1996b）は農業部門をコメについて細分化したガット農業交渉やコメのミニマム・アクセスといった自由貿易化、Kunimitsu（2009）は農業の公的投資、福田・近藤（2012）は国際穀物価格、Adi and Tokunaga（2006）は貿易自由化による関税撤廃、Tanaka and Hosoe（2011）は自由貿易化における海外の生産性ショックと輸出国の輸出禁止政策の影響といったように貿易政策を中心に行われてきた。また、Akune *et al.*（2015）は、気候変動下における適応技術の経済的評価を 2005 年から 2030 年までの日本での高温耐性品種米を対象に、動学的 CGE モデルを用いて行った。その中で、高温耐性品種米が 2017 年に完全普及した場合、経済損失を 437 億円圧縮することを示した。同時に、気候変動の経済的影響は、農地の希少性を高めその要素所得を上昇させるため、それらの恩恵がないあるいは小さい一般家計と小規模稲作農家家計に負の影響があることを明らかにした。

Akune *et al*.（2015）は、農業関連の生産活動での労働や土地は農家家計から供給されることを前提にするなど、一般的なCGEモデルよりも現実の状況を考慮したが、農業部門間の農地の移動を認めていた。これは、気候変動によって減少する一等米の供給をすべて国内生産で賄うことを前提とし、一等米の希少性が高まり米価の上昇により農家の生産意欲が増せば畑作地でも稲作が可能ということであり、土壌条件などの土地利用の制約を考慮する必要がある。そこで、本稿では、Akune *et al*.（2015）を基に稲作生産での土地制約を踏まえた高温耐性品種米普及のシミュレーションを行い、気候変動下における高温耐性品種米の経済的影響を評価する。

本稿の構成は次の通りである。第2節では用いたモデルの概要を述べ、第3節ではシミュレーションから得られた結果を示す。最終節で本稿をまとめるとともに残された課題を整理する。

2. モデルの概要

本モデルの基となっている Akune *et al*.（2015）は、IFPRI（International Food Policy Research Institute）の Standard CGE モデルとして知られている Lofgren *et al*.（2002）、動学メカニズムは MONASH モデル（Dixon and Rimmer 2002）に基づいている。これに、稲作生産での土地制約を踏まえた高温耐性品種米の経済的評価のために、モデル内で既存品種米と高温耐性品種米の生産活動の併存とそれらの土地利用について改良を行った。

表1-1は、モデルでの生産活動と財を3種類に区分して示したものである。農業関連では、3つの規模と2つの品種別の稲作、畜産業、その他の農林水産業の8つの生産活動がある。このうち、稲作の生産活動に関しては、面積別に小規模稲作（3 ha 未満）、中規模稲作（3~10 ha 未満）、大規模稲作（10 ha 以上）を想定した。Akune *et al*.（2015）で作成された社会会計表によると、生産費用の単価は小規模、大規模、中規模の順に低い。さらに、既存品種と高温耐性品種の2つの品種をそれぞれ生産する構造とした。これらの6つの稲作の生産活動から玄米が供給され、気温によってそれぞれの生産活動の玄米は最終消費向けと加工用向け

に分かれる。ここでは、最終消費用の玄米を一等米とし、それ以外の玄米を加工用とする。コメの加工・流通・消費のモデル構造を示す**図 1-1** から明らかなように、最終消費向けの玄米は精米業者を経て家計に供給される。一方で加工用向けの玄米は、米菓やみそ・醤油といった関連食品産業への加工用向けに供給される。こうした関連食品産業との供給リンケージを明示的に扱うために、**表 1-1** のように関連食品産業として 9 つの生産活動と財を想定した。なお、農業・食品産業以外の産業は製造業とサービス業の 2 つにまとめた。

表 1-1 モデルでの生産活動と財

	生産活動	財
農業	小規模稲作（高温耐性品種／既存品種）	玄米（最終消費用／加工用）
	中規模稲作（高温耐性品種／既存品種）	
	大規模稲作（高温耐性品種／既存品種）	
	畜産業	畜産物
	その他の農林水産業	農林水産物
関連食品産業	精米業（最終消費用）	米（最終消費用）
	精米業（加工用）	米（加工用）
	精麦業	精麦
	畜産・水産物・野菜・果実加工業	畜産・水産物・野菜・果実加工物
	パン・菓子製造業	パン・菓子
	製糖・油脂・調味料製造業	製糖・油脂・調味料
	その他の食品製造業	その他の食品
	飲料・飼料・たばこ製造業	飲料・飼料・たばこ
	飲食業	飲食（外食）
非農業・食品産業	製造業	製造品
	サービス業	サービス

各生産活動の生産者は、**図 1-2** に示すような多段階の生産構造をもち利潤最大化の行動をとる。生産構造は、農業関連で 3 段階、非農業関連で 2 段階で構成され、両者の違いは生産要素の土地の存在である。両生産活動の産出量は、第 1 段階でレオンチェフ関数のもと合成生産要素と中間財から産出される。合成生産要素は、農業関連の生産活動は資本、労働及び土地の 3 つの生産要素、非農業関連

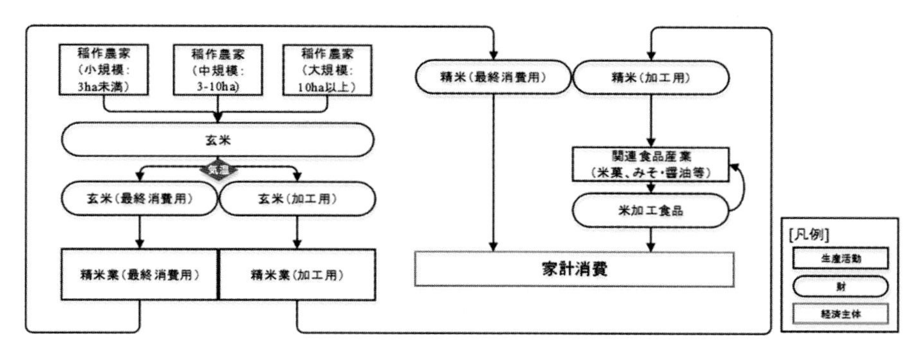

図1-1　コメの加工・流通・消費のモデル構造

の生産活動は資本と労働2つの生産要素から合成される。農業関連の生産活動では、第2段階でCES関数をもとに第3段階で合成した資本と労働の付加価値と土地から合成する。非農業関連の生産活動では、資本と労働の付加価値の合成が第2段階にあたる(註1)。

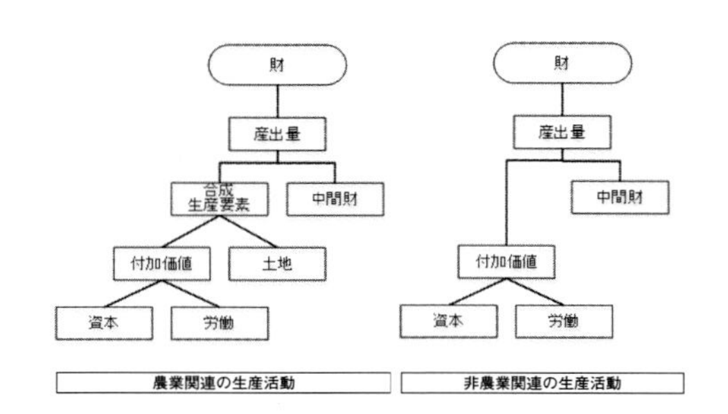

図1-2　農業関連と非農業関連の生産活動の生産構造

図1-3は、生産活動から国内市場までの財のフローを示している。稲作の生産活動の産出量は、気温に応じて最終消費用玄米と加工用玄米に分割される。一方、稲作以外の生産活動の産出量はそれぞれ財として扱われる。これらの財は、CET関数を用いて輸出と国内販売に分かれ、国内販売用の財はアーミントン仮定（Armington 1969）のもと輸入財と合成されて国内市場に供給される(註2)(註3)。

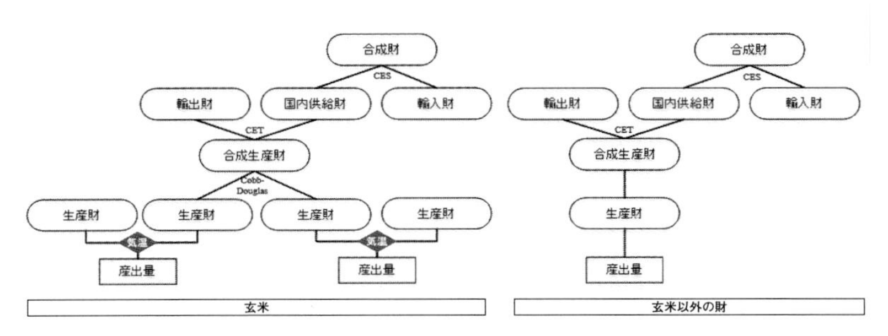

図 1-3　モデル内における生産財のフロー

需要側の最大の経済主体である家計は、所有する生産要素に応じた所得を所与として効用最大化行動を行う。効用関数として Stone-Geary 効用関数を用い、線形支出体系（LES）に応じて消費が行われる(註4)(註5)。家計は、3 つの規模別の稲作農家世帯、非稲作農家世帯、非農家世帯の 5 つに分割した。稲作農家世帯は、前述の稲作の生産活動の区分に準じて、小規模稲作農家（3 ha 未満）、中規模稲作農家（3~10 ha 未満）、大規模稲作農家（10 ha 以上）とした。非稲作農家は稲作農家以外の農家世帯であり、これら以外の世帯を非農家世帯とした。分類した家計の特徴は、所得の源泉となる生産要素（資本、労働、土地）の有無とその程度の違いにある。稲作農家と非稲作農家は、3 つの生産要素をすべて所持し、それらの要素所得を得る一方で、非農家世帯の家計は資本と労働のみからの所得を得ると想定する。この中で、稲作農家の所得に占める土地の要素所得の割合は規模に準じる。さらに、政府消費は基準年の消費係数を用いて決定する。家計と政府の貯蓄は、基準年の貯蓄性向に基づいて決まり、投資はこれらの貯蓄と外国貯蓄の総計に一致するように決まる。

市場精算条件としては、財市場、生産要素市場および貿易収支がある。まず、各財の需給量と価格は各財の需要量と供給量が等しくなるように決まる。このうち、需要量は前述の家計消費、政府消費、投資及び中間財消費である。次に、資本、労働、土地の 3 つの生産要素市場でも同様に需要量と供給量が等しいところで需給量と価格が決定する。資本と労働は生産活動の部門間移動が可能である。一方で、土地は、まず稲作とそれ以外の農業に分かれ、次に稲作のうち高温耐性品種米の生産向けの土地と既存品種米向け用の土地に2010年の利用状況に合わせるように決めた分配係数によって供給する。最終的に、農業関連の土地需要量は、各家計の土地賦存量の総計と等しいところで決まる。貿易については、外国貯蓄を含めた輸出と輸入が等しいところで均衡する。

最後に、動学プロセスは、各経済主体は将来のことは考慮せず一期（1年）ごとに最適化行動を行う逐次動学型である。この中で、あるt期に資本減耗分を控除し新規投資を行った資本ストックが次期（t+1期）の資本ストックとなる。なお、Putty and Clayアプローチを採用し、一度特定の部門に蓄積した資本ストックは部門間で移動しないとする。

3. シミュレーション結果

ここでは、Akune *et al.*(2015) と同様に2005年から2030年の間での気候変動における適応策としての高温耐性品種米の経済的効果をシミュレーションする。シミュレーションシナリオ作成のために、気候変動下での高温耐性品種米と土地利用の制約の有無の2つの前提をそれぞれ次のように想定する。まず、高温耐性品種米と既存品種米の違いとなる一等米比率は気温によって影響を受ける。農林水産省のレポートによると、コメの品質は出穂後20日間の最低気温が摂氏23から24度である必要がある。そこで、モデル内での気候変動とコメの品質の関係性として、稲作農家から玄米が供給される段階に気温と一等米比率の関数を導入し、河津ら（2007）を参考に従来品種の一等米と気温の感度係数を－3.57（出穂時期の最低気温が摂氏1度上がると一等米比率が3.57％低下）とする。一方、高温耐性品種米の同係数は2010年の13品種の実績に基づいた推定結果より－2.52とする。なお、気温と一等米の比率の関係はこれらの係数を用いた線形関係とする。その際の気温はIizumi *et al.*(2011) による8月の全国の最低気温の平均値を用い、これを本稿での気候変動シナリオをとしてすべてのシナリオで用いる。

次に、土地利用については、前項のモデル概要で述べた2010年の利用状況に即し稲作の生産活動もそれに合わせて設定した状態を土地利用の制約を設けた場合とする。この場合、農家家計から供給された農地はあらかじめ2010年の利用状況を踏まえて設定した分配係数で稲作用とその他の農地用に分割して供給される。この分配係数はシミュレーション期間を通じて一定とする。一方で、農地の利用に条件を設定しない場合は、農家家計の持つ農地は農業関連の生産活動の土地需要に応じて部門間を越えて供給される。この場合の生産活動の部門設定は Akune *et al.*(2015) と同様である。

以上の2つの想定を組合せて4つのシナリオを設定する。シナリオ1は土地利用の制約があり既存品種のみが栽培されている場合、シナリオ2は土地利用の制約があり2010年からの高温耐性品種米の導入水準が続くものであり、シナリオの中では一番現状に近い状態である。シナリオ3は、シナリオ2に Akune *et al.*(2015)と同様に2017年に高温耐性品種米が完全普及すると想定したものであり、革新的に高温耐性品種米が普及した場合である。シナリオ4はシナリオ3と同様の普及状況を想定するが土地利用の制約はない。

まず、稲作の生産活動への影響として**図1-4**に、シナリオ2での規模別稲作の総生産量と品種別一等米生産量の気候変動がない状況との比較で示す。これによると、すべての規模において一等米の生産量が減少している。実線で示された高温耐性品種の一等米の影響は既存品種よりも影響は少ないが、シミュレーション上8月の最適気温が摂氏23度を超える2027年以降は負値が継続する。一方、稲作自体の総生産量は上昇する。これは、一等米の供給量の減少による国内市場での最終消費用のコメ価格の上昇を受け、稲作の生産者が、一等米比率の低下するものの量的に増やすことによってその減少分を補おうとしているためである。このような気候変動による稲作での生産性の低下による価格上昇に伴う生産増加は、稲作だけでなく生産活動に必要な要素価格を上昇させ、その配分にも影響する。例えば、シナリオ2では2030年で農地価格5.4%、資本収益率は0.02%上昇する。家計が受け取るこれらからの要素所得は増加するが、農地価格の上昇は農地を所有する農家世帯のみに影響する。また、全体として物価も0.5%上昇する。このように、気候変動は稲作への直接的な影響とともに、経済全体に影響する。

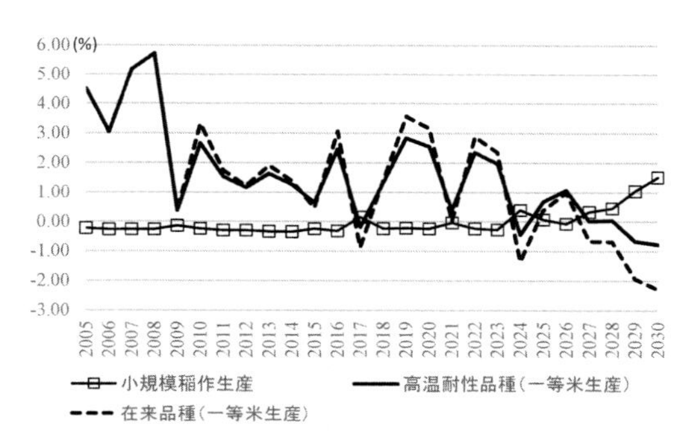

(i) 小規模農家

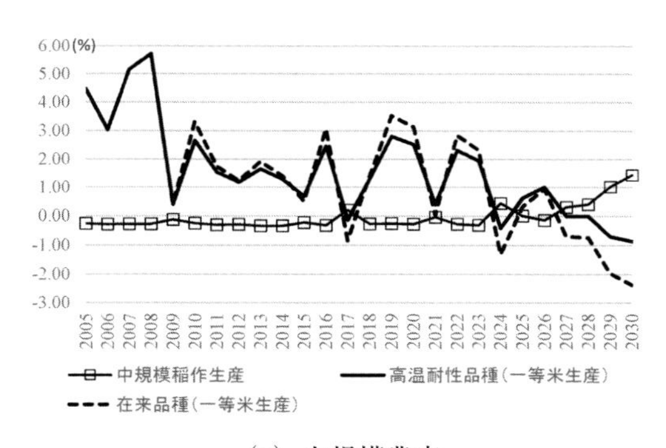

(ii) 中規模農家

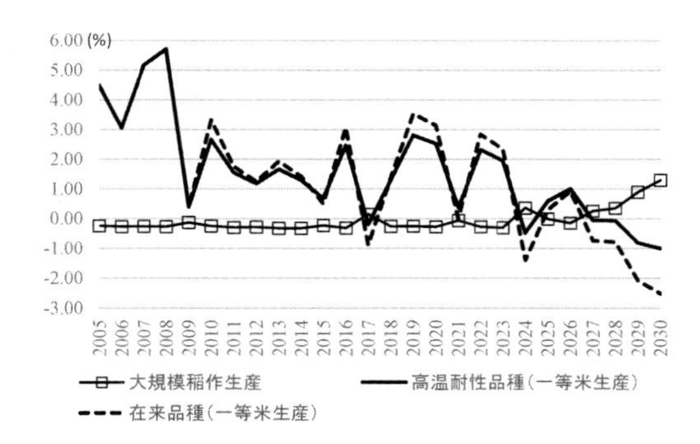

(iii) 大規模農家

図 1-4　気候変動下における規模別稲作の総生産量と品種別一等米生産量の影響（シナリオ **2**）

表 1-2 は、2017 年以降の気候変動下での高温耐性品種米普及と土地利用制約による経済厚生として等価変分（EV）を示している(註6)。数値は気候変動がなく既存品種のみが栽培されている状況との比較である。8 月の最低気温が 23 度を上回る 2017 年、2021 年、2024 年、2025 年及び 2027 年以降はすべて負値である。これは、高温耐性品種の適応策のみでは気候変動が生じない場合の経済厚生を保つには不十分であることを示している。

高温耐性品種米普及による経済厚生の改善部分に着目したのが**表 1-3** である。これは、表 1-2 の各シナリオでの結果をシナリオ 1 と比較することで、気候変動による影響を除き高温耐性品種米の普及の効果を示したものである。まず、土地利用に制約があり現在の高温耐性品種米の普及水準の継続を想定するシナリオ 2 との比較 A では、2030 年の経済厚生を 3.2 億円程度上昇させるが全体としてその効果は大きくない。気候変動が進む中で高温耐性品種米の普及が現状のままでは経済厚生の改善は小さなものになることを示している。次に、シナリオ 2 に 2017 年に高温耐性品種米が完全普及した場合を加えたシナリオ 3 との比較 B は、経済厚生の改善は期間を通じて A よりも大きく 2030 年には 525 億円の経済厚生を改善する。A と B の違いは高温耐性品種米の普及の経済的な重要性を示している。最後に土地制約がない状況でシナリオ 3 と同様に 2017 年に高温耐性品種米が完全普及したことを想定するシナリオ 4 との比較 C は最も大きく経済厚生の向上に寄与している。これは、土地利用に制約がなければ、さらに高温耐性品種米の経済厚生の改善度合いが高まることを示している。

表 1-2　気候変動下での高温耐性品種米普及による経済厚生（等価変分）（単位：億円）

	2017	2018	2019	2020	2021	2022	2023	2024	2025	2026	2027	2028	2029	2030
シナリオ 1	−468	230	266	263	−143	277	259	−775	−7	168	−429	−431	−1139	−1386
シナリオ 2	−467	229	266	263	−142	277	258	−773	−7	168	−428	−430	−1136	−1383
シナリオ 3	−254	193	261	247	−67	244	215	−470	8	122	−261	−264	−703	−861
シナリオ 4	−192	174	247	235	−42	227	201	−375	5	101	−218	−227	−589	−730

註 1：気候変動がなく既存品種のみが栽培されている状況との比較である。

註 2：シナリオ 4 は Akune *et al.*（2015）の **SIM 2** である。

表1-3　高温耐性品種米普及による経済厚生改善の比較　（単位：億円）

シナリオ1との比較	2017	2018	2019	2020	2021	2022	2023	2024	2025	2026	2027	2028	2029	2030
A：シナリオ2	1.3	−0.2	0.0	−0.1	0.4	−0.2	−0.3	1.8	0.1	−0.3	1.0	1.0	2.6	3.2
B：シナリオ3	214	−36	−5	−16	76	−33	−44	305	15	−46	168	167	435	525
C：シナリオ4	277	−55	−19	−28	100	−50	−58	400	12	−68	212	204	550	656

註：比較対象は、表1-2のシナリオ1である。

4. まとめ

本稿では、Akune *et al.*(2015) を基に稲作生産での土地制約を踏まえた高温耐性品種米普及のシミュレーションを行い、気候変動下における土地の利用制約の有無がある場合の高温耐性品種米の経済的影響を評価した。

その結果、高温耐性品種米は稲作での一等米の減少を抑制する効果はあるものの、減少する一等米供給から最終消費用のコメ価格が上昇するため、稲作の生産者は気候変動による生産性の低下を生産量の増加で補おうとした。経済全体でみると Akune *et al.*(2015) と同様に、高温耐性品種の適応策のみでは気候変動が生じない場合の経済厚生を保つには不十分であった。したがって、現在でも様々な適応策が研究開発されているが、それらとの複合的な利用が必要である。また、現在の高温耐性品種米の普及水準では経済厚生の改善はごく小さなものにとどまった。完全普及をした場合、経済厚生の改善への貢献は大きく、高温耐性品種米の普及促進は稲作の生産活動だけでなく経済全体として重要であるといえる。農地利用の条件をなくした場合の経済厚生の改善の効果はさらに大きかった。可能な限り農地の土地利用を流動化させることも重要である。

最後に残された課題を整理したい。まず、土地利用に関して、本稿では基準年の利用状況に基づいて制約をかけたが、土壌特性の観点からの供給条件や可能性を考える必要がある。また、Akune *et al.*(2015) と同様に、本稿でも農家の時系列的な品種選択行動が含まれていない。高温耐性品種米は2010年以降、年1万haずつ増加しており、中でも「きぬむすめ」「つや姫」が多い。「つや姫」はブランド形成に力を入れており、気候変動に対する適応というより、売れる高温耐性品種米が普及しているとみることができる。このように高温耐性品種米の普及を考えるうえで、稲作生産における品種選択行動の要因を明らかにし、それに基づいた普及プロセスをモデル及びシミュレーションに含める必要がある。最後に、本稿のシナリオでは、一般的なCGEモデルと同様に近年のコメの需要減少の傾向といった需要構造の変化は想定していない。現実に即したあるいは想定される需要構造を加味する必要がある。

（註1）CES（Constant Elasticity of Substitution）関数とは、投入要素間の代替の弾力性が一定の値をとる関数である。なお、Cobb-Douglas関数では代替の弾力性は1である。

（註2）ここでは輸出財と国内市場向けの財の間の関係を不完全代替（不完全変形）と仮定し、その間の変形率を一定の値とするCET（Constant Elasticity of Transformation）関数を用いる。

（註3）国産財と輸入財の関係を不完全代替と考えることをアーミントン仮定という。例えばコメという財を考えた場合、国産米と輸入米を異なる財とみなす仮定である。国内市場には、両財が合成され、用いられるのはCES関数である。

（註4）Stone-Geary効用関数とは、生存に必要な最低限の財の需要量を考慮した効用関数であり、線形支出体系の基礎となっている。$u=\prod_i (x_i-\gamma_i)^{\beta i}$ で示され、x_i は需要量、γ_i は生存に必要な需要量である。

（註5）線形支出体系とは、線形に特定化されたすべての財に関する需要関数に対して、ゼロ次同次性、すなわちすべての財の価格が同率で上昇した場合に需要量に変化がないという条件と、対称性、すなわち効用を一定としたときのある財の価格変化に対する他の財の需要量の変化率が、他の財の価格変化に対する当該財の需要量の変化率に等しいとする条件を加えたものである。

（註6）経済厚生の測り方の1つである等価変分（Equivalent Variation）とは、ある財の価格、支出、需要量が2つの期間で変化した場合に、変化前の価格を用いて測った支出の変化額である。

謝辞

本稿の作成にあたって、Akune *et al.*(2015) で用いた社会会計表の使用を快く許可して下さった沖山充氏、モデル作成にあたって貴重なコメントをくださった徳永澄憲教授（麗澤大学）に感謝申し上げたい。また、本稿も含めてプロジェクトで研究を進めるにあたって、プロジェクトリーダーである古家淳氏（国際農林水産業研究センター（JIRCAS））やメンバーからは重要な示唆を頂戴した。ここに記して深謝申し上げる。

引用文献

Adi, B. and Tokunaga, S. (2006) Japan's FTA network: comparing between the bilateral and regional options. *Stud Region Sci,* **35** (4), 1021-1037.

Akune, Y., Okiyama, M., and Tokunaga, S. (2015) Economic Evaluation of Dissemination of High Temperature-Tolerant Rice in Japan Using a Dynamic Computable General Equilibrium Model. *Japan Agricultural Research Quarterly,* **49** (2), 127-133.

Armington, P. S. (1969) A theory of demand for products distinguished by place of production. *IMF Staff Papers*, **16** (1), 159-178.

Dixon, P. B. and Rimmer, M. T. (2002) Dynamic general equilibrium modeling for forecasting and policy – a practical guide and documentation of MONASH. In Blundell, R., Caballero, R., Laffont, J.-J., and Persson, T. (eds.), Contributions to economic analysis, **256**. North Holland, Amsterdam.

福田洋介・近藤巧（2012）「穀物の国際価格上昇が日本農業に及ぼす影響」『農業経済研究』**84** (1), 1-14.

Ichioka, O. and Tachibanaki, T. (1989) General Equilibrium Evaluation of Tariffs, Nontariff Barriers and Subsidies for Agriculture in Japan. *The Economic Studies Quarterly*, **40** (4), 317-335.

Iizumi, T., Yokozawa, M., and Nishimori, M. (2011) Probabilistic evaluation of climate change impacts on paddy rice productivity in Japan. *Climate Change,* **107** (3-4), 391-415.

河津俊作・本間香貴・堀江武・白岩立彦（2007）「近年の日本における稲作気象の変化とその水稲収量・外観品質への影響」『日本作物學會紀事』**76** (3), 423-432.

Kunimitsu, Y. (2009) Macro economic effects on preservation of irrigation and drainage facilities: application of computable general equilibrium model. *J Rural Econ*, Special Issue 2009, 59-66.

Lofgren, Hans, Rebecca L. Harris, and Sherman Robinson (2002), A Standard Computable General Equilibrium (CGE) Model in GAMS. Microcomputers in Policy Research 5, International Food Policy Research Institute.

農林水産省（2015）「平成 26 年地球温暖化影響調査レポート」
http://www.maff.go.jp/j/seisan/kankyo/ondanka/pdf/h 26_ondanka_report.pdf
(参照日:2015.8.24)

齋藤勝宏（1996 a）「ガット農業合意の経済波及効果–応用一般均衡モデルによる–」『産業連関』**6** (3), 39-45.

齋藤勝宏（1996b）「コメのミニマム・アクセスの及ぼす経済効果」『農業経済研究』**68** (1), 9-19.

Tanaka, T. and Hosoe, N. (2011) Does agricultural trade liberalization increase risks of supply-side uncertainty? Effects of productivity shocks and export restrictions on welfare and food supply in Japan. *Food Policy,* **36** (3), 368-377.

第２章　農業分野の気候変動対策技術開発を支援するための経済評価手法の研究

小林　慎太郎

1．はじめに

日本ではゲリラ豪雨や猛暑日の増加が頻繁に話題に上るようになり、気候変動が現実的な問題として実感される場面が増えている。人々が感じるこのような異変は、グローバルなデータの上でも確認されるようになり、例えば2015年７月の地球の平均気温は、観測史上最高を記録した（NOAA 2015）。このように気候変動が身近な問題となりつつある昨今だが、今後予想される影響は正と負の影響を含みつつ、2000年頃に比べた気温上昇が２℃を超えると、負の影響がより顕著になると考えられている（IPCC 2014 a）。温室効果ガスの影響は長期に継続するため、負の影響が顕著となる以前の取り組みが重要であるが、現在は既に大幅かつ持続的な削減が必要な状況と考えられている（Stockeret *et al*. 2013）。

このように気候変動の影響が顕著になる中で、自然環境を生産の基盤とする農業は、影響が最も懸念される分野の一つである。今後、地域間の農業生産性の差が拡大するとともに、毎年の生産量は不安定化すると考えられている（Easterling *et al*. 2007）。生産性の低下や不安定化を軽減し、食料不足や価格高騰を回避するためには、既に進行している気候変動に対し、農業が適応してゆくことが必要になる。すなわち変化する気候への農業分野における適応技術の開発は、食料安全保障の観点から重要な課題といえる。

一方で農業と、それに関連する土地利用の転換は、世界の温室効果ガス排出量の１／４を占める主要排出源の一つとも見積もられている（IPCC 2014 b）。もし農業分野から排出される温室効果ガスを削減することができれば、全体の排出量の削減と安定化に寄与し、農業自身、あるいは他の分野に対する気候変動の影響を緩和することが可能になる。そのため、農業分野における気候変動の緩和技術の開発もまた、重要な課題といえる。

以上で述べたような技術開発の必要性に対し、既に適応技術と緩和技術の双方で、多くの取り組みが行われている（例えば農林水産技術会議事務局 2011）。筆者らはそれらの技術開発に取り組む研究者から、技術の経済性について質問を受けることが何度かあった。その背景にはまず、農業は農産物を生産し市場に供給するという意味で、私的な経済活動であると同時に、良好な環境の維持というような社会的な意義も持つことから、技術の経済性を把握する作業が複雑である、という特徴が挙げられる。また、ある技術によって個々の農家レベルでの生産性が変化する場合、その技術の普及前後では、市場全体の生産性と物価も変化することになり、経済性を定量化するための前提（例えば市場価格）も変化してしまう、という特徴もある。これらの特徴が、農業分野の技術を対象とした経済性の把握を複雑にしており、開発者にとっても開発から改良、そして普及までの見通しが、不明瞭になっていると考えられる。

そこで本研究では、技術開発者が自らの技術の特徴を把握し、経済性の観点から改良の方向性を検討することができるように、開発中の技術を対象とした経済評価の手法を検討する[註1]。

2. 経済評価手法開発における課題

農業分野における気候変動対策技術を経済評価する際に、どのような課題に直面するかについて検討する。まず技術データや評価結果の匿名性保持という課題が考えられる。経済評価を含む技術評価から得られる情報には、いくつかの有用な利用方法がある。代表的なものとして**図 2-1** が示すように、社会的意思決定のための参考情報、研究開発戦略の立案のための参考情報、そして本研究が目的とする個々の技術の改良や普及のための基礎情報が考えられる。このように技術評価の結果は様々な形で利用できるため、技術データやその評価結果の匿名性が保持されなければ、開発者が意図しない形であったり、開発者に不利になるような利用も起こり得る。そのような事態が生じれば、開発者と評価者の信頼が崩れ、技術開発の支援としての評価にはならないため、情報の匿名性が保持される評価システムが必要となる。

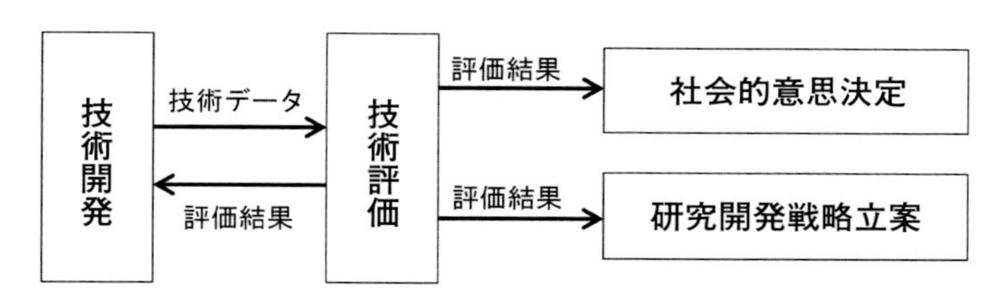

図 2-1　技術評価結果の代表的な利用方法

次の課題として、農業の多面性が考えられる。農業は農産物を生産するだけでなく、洪水を軽減したり生物多様性を維持することなどで、良好な環境を保全するという役割も果たしていることから、一般に多面的機能を持つとされる（農林水産省 2015）。そのため、農業技術の効果もまた多面的となる可能性が大きく、その経済評価が農業生産性の視点からのみでは不十分という事になる。このように多面的な効果を持ち得る技術の価値を、重大な欠落なく評価できる手法が必要となる。

これに関連した課題として、技術の多様性も考えられる。例えば本研究の重要な対象の一つである緩和技術の評価を考えた場合、温室効果ガス削減のポテンシャルを持つ農業技術には、稲作、畑作、果樹栽培など多様な場面で利用される多様な技術が候補となる。前述のように個々の技術の効果が多面的であることに加え、評価対象となる技術も多様であり、それらの比較を可能にするためには、効果の多面性を考慮しながらも、多様な技術を統一的基準で評価できる手法が必要となる。

課題の最後として、「合成の誤謬（ごびゅう）」の問題が考えられる。これは経済学で使われる言葉で、個々に見ると好ましいことでも、それを全体に敷衍した場合、期待とは異なる結果に終わることを意味する。本研究の場合は、農家レベルの生産性向上が、市場全体の生産性変化を通して農産物価格を低下させ、農家所得が低下するようなケースが当てはまる。このような事態が必ず起こるわけではないが、農産物は傾向として、価格が低下しても需要量が増加しにくい「価格非弾力的」と呼ばれる性質を持つことから、生産性向上によるコストと価格の低下が農業所得まで低下させるような問題が生じやすいと考えられている。したがって、個々の農家レベルでの評価結果と、経済全体を考慮した評価結果の双方が考慮できるような評価手法が必要である。

3. 課題に対応した評価手法

前節で検討した課題に対応するために、どのような評価システムや評価手法が利用できるかについて検討する。まず技術情報の匿名性については、開発者と評価者の関係という側面、そして評価結果の利用という側面から考える。開発者と評価者の関係という側面では、両者が共同研究者であり、両者の利害が一致する場合、図 2-1 が示す技術開発から技術評価への技術データの提供と、その評価結果のフィードバックは、情報の機密性を保って順調に進められるだろう。しかし両者の利害が完全には一致しない場合は、事情が異なる。具体例としては、類似の技術を開発する大規模な研究プロジェクトが考えられる。このようなプロジェクトでは技術評価の結果が、個々の技術開発の支援にも、技術の選別にも利用できるため、開発者と評価者の利害は必ずしも一致しない。そこで、技術評価が個々の技術開発の支援を目的とするならば、評価者にとっての技術情報の匿名性を担保する仕組みが必要となる。そのような仕組みを検討すると、図 2-2 のようなものが考えられる。その概要は、データは公開鍵暗号方式で暗号化したうえ、その伝達では開発者と評価者の間に中立の第三者が入る、というものである。これにより、技術データの匿名性が担保される。評価結果の利用という側面では、個々の技術の特徴を明確化するため、技術間で評価結果の比較が必要になる場合が考えられる。その場合も**図 2-2** が示すように、技術名を ID 化することで、評価結果の利用時に開発者間での匿名性が保たれる。図 2-2 の仕組みは匿名性を厳密に保つものだが、開発者と評価者の間に一定の信頼関係がある場合、ここまで厳密な手順は必要ではないとも考えられる。単に技術名を ID に置き換えて、複数の技術の比較検討を行う事でも、開発者間あるいは外部に対しては、匿名性を保つことが可能となる。そのような方法で匿名性を保ちつつ、新しい環境技術の効果を分析した研究には、水野谷ら（2002）がある。

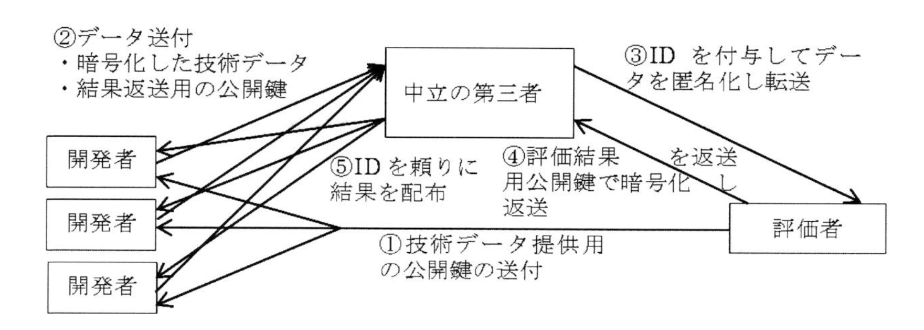

図 2-2　技術情報の匿名性を担保する情報伝達の仕組みの例

技術データを秘匿しつつ、技術の評価を可能にする方法には、もう一つのオプションが考えられる。それは技術評価のためのツールを作成し、開発者自身が自ら評価を行うことができる環境を用意することである。それにより、評価の過程からの技術データ漏えいは、完全に防ぐことができる。しかしこのようなツール化を可能にするためには、異なる技術であっても、一定の手順で評価が可能であり、その手順をプログラムとして記述できることが条件となるだろう。またツール化を行った場合は、複数の技術の結果を比較するような検討は行えないことになる。

次に、農業技術の多面性という課題への対応を考える。そこで参考になるのが、氷鉋ら（2005）による議論である。そこでは、環境技術は 4 つの視点からの評価が必要とされ、それらは経営、経済、財政、そして環境とされる。ここで経営と経済を分けて考える視点は、農業技術の経済評価にも重要な示唆を与える。それは農業が農産物生産という私的経済活動であると同時に、環境への多面的機能を通して社会的経済価値も生み出しているためである。本章では前者に対する視点を私的経済性、後者に対する視点を社会的経済性と呼ぶことにする。私的経済性の高い技術は農家にとってのメリットが大きいため、順調な普及が期待される。一方で技術の環境への貢献は、一般に環境財は市場での取引が困難であることから、農家のメリットとして反映されにくく、たとえ社会的経済性が高くても普及の誘因になりにくい。そのような理由から、農業技術の経済評価においては、私的経済性と社会的経済性を別のものとして扱う必要があるだろう。これは気候変動対策としての技術についても同様である。例えば温室効果ガスの削減に貢献する農業技術であれば、それが農業生産に及ぼす影響としての私的経済性と、どれくらいのコストで温室効果ガスが削減できるかという社会的経済性を、個別に検討する必要がある。また温室効果ガス削減以外の多面的機能への影響も大きい技術については、それら個別の機能も評価の対象とするべきだろう。すなわち、私的経済性と社会的経済性を含む複数の評価指標を設定し、それらを技術データから明らかにすることで、技術の特徴を明確にすることが可能になると考えられる。

つづいて、多様な技術の評価を行うという課題について、その対応策を考える。多様な技術の評価が必要になる代表的ケースは、類似技術を含む大規模な技術開発プロジェクトだろう。多様な技術を比較可能な形で評価するには、評価指標を共通のものに絞り込む必要がある。また技術のタイプが異なれば、得られる技術データの項目も異なることから、評価指標は共通であっても、その算出過程は異なるものと考えられる。そこで実際の評価に先立って予備調査を行い、技術の類型化と、類型ごとに必要となる技術データ項目の特定化を行う必要がある。この様なプロセスを通して、多様な技術の比較可能な形での評価が可能になり、開発者は自らの技術の特徴を、相対的な形で認識することが可能になる。このような相対的な情報は、技術のメリットを向上させる改良であったり、技術の欠点を補う改良など、明確な目的を持った開発方針の策定に有用だと考えられる。

最後に合成の誤謬という課題への対応を検討する。既に前節で述べたように、技術の経済評価においては、ある農家が単独で当該技術を導入した場合と、多くの農家が導入した場合で、農産物の価格など評価の前提が異なってくる。この問題は技術評価に限らず、経済活動の予測において多く生じる問題である。そこで近年は、スケールの異なるモデルを連結し、ミクロ（家計レベル）の変化がマクロ（地域・国レベル）の変化を引き起こし、それがフィードバックされる影響までを予測する取り組みも多くなっている（例えば Flichman *et al.* 2006)。そこで気候変動対策技術の経済評価においても、**図 2-3** で示すように農家レベルのモデルと地域・国レベルのモデルを連結し、前提条件が変化しない導入初期と、前提も変化する普及後の双方について評価を行うことが望ましい。

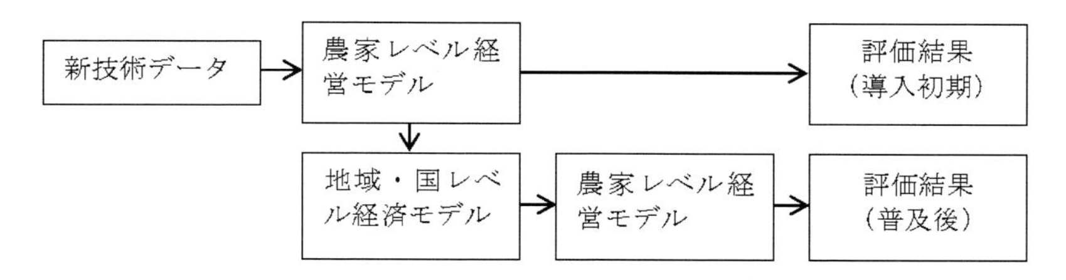

図 2-3　導入初期と普及後の経済評価のフロー

ここまでの議論を踏まえ、**表 2-1** に課題と対応策をまとめる。

表 2-1　気候変動対策技術の経済評価の課題と対応策

課題	対応策
技術データの匿名性担保	匿名での情報伝達システム
	開発者自らの評価のための評価ツール
技術の効果の多面性	評価項目の設定と指標化
技術の多様性	技術の類型化と評価指標の絞り込み
合成の誤謬	ミクロのモデルとマクロのモデルの連結

4. 研究課題としての経済評価

社会において研究者が取り組むべき課題は多いが、気候変動対策もその一つである。様々な立場の者の協働として行われる気候変動対策において、研究者に期待される仕事は科学的なアプローチによる取り組みであろう。そしてその取り組みが科学的であることを確認する作業が、学術論文としての成果の公表といえるだろう。しかし既に検討してきたように、技術評価の目的が技術開発の支援だとすれば、評価結果は開発者に示されれば十分であり、それを学術論文として公表することは必ずしも好ましくはない。したがって技術開発支援という文脈においては、経済評価を実施すること自体は研究者の本来の課題とはいえないだろう。

一方で、経済評価の実施に至るプロセスまで視野を広げた場合、研究者が担うべき課題が含まれていることがわかる。表 2-1 で挙げた課題への対応策を例に取ると、評価対象技術のデータを分析・類型化し、その特徴を示す評価項目を設定すること、そしてその評価項目を指標として計算する方法を検討することは、科学的に行われるべきプロセスであり、そうでなければ評価結果は信頼できないものとなる。このことより、技術の経済評価における研究者の中心的課題は、その評価手法を考案することにあるといえるだろう。

5. 評価手法の事例

農業分野の気候変動対策技術を、技術開発支援という視点から経済評価する方法について検討し、表 2-1 のような課題と対応策を明らかにした。しかしこれは評価手法の方向性を示しているにすぎず、実際の評価手法は特定の技術群に対し、開発の目的を考慮しながら構築することになる。ここではそのような評価手法の事例を示す。

(1) 気候変動緩和技術の評価手法

小林ら（2014）は、農業分野における気候変動緩和技術を対象とした評価手法を提案している。評価手法構築の過程では、まず技術の評価項目として、農産物生産という視点での私的経済性、温室効果ガス削減という視点での社会的経済性、そしてどれくらいの範囲で技術が利用できるかという導入可能性が設定され、それらに対応する評価指標が検討されている（**表 2-2**）。このように複数の評価指標を利用することで、多面的な視点から技術の特徴を把握できる評価手法となっている。

表 2-2　気候変動緩和技術の評価項目と評価指標（小林ら 2014 より）

評価項目	評価指標	計算式
私的経済性	費用便益比	（農産物の生産額増分）／（新技術の費用）
社会的経済性	単位削減費用	（新技術の費用）／（CHG の純削減量）
導入可能量	適用可能面積	新技術が適用可能な品目の栽培面積

実際の評価指標は技術データに基づいて計算されるが、どのような技術データが利用できるかという事は、技術タイプによって様々であるため、利用できる技術データをタイプごとに特定し、そこから評価指標を計算するための計算式を考案する必要がある。そこで評価対象となり得る技術の類型化が行われ（**表2-3**）、各類型別に利用するデータと計算式が特定されている。そしてここで特定された技術データと計算式が、構築され提案された評価手法の実体となっている。

表2-3　農業分野における気候変動緩和技術の類型化　（小林ら2014より）

基礎技術	対象	主要緩和効果	農業生産面の主要効果
農業残渣分解促進	水田	メタン発生抑制	肥効向上・微生物相安定化
緑肥	水田	炭素貯留	肥料
富栄養水源灌漑	水田	メタン発生抑制	肥料
土層改良工事	畑地	炭素貯留	土地生産性向上
バイオ炭施用	畑地/水田	炭素貯留	保肥性・保水性向上

この研究は評価手法を構築するだけでなく、実際の技術データを利用した評価にも取り組んでいる。技術開発者から提供を受けた9種類の技術のデータに基づき、前述の評価指標が算出されているが、その結果は技術IDを利用した匿名のものとして示されている。その理由は、提供を受けたデータは開発中の技術のデータのためとされているが、これは、ここでの評価の目的が、技術の最終的な性能を社会に示すことではなく、開発者が技術の特徴を把握できるようにすることであるため、と解釈できる。その評価結果は**図2-4**で示されるが、9つの技術がそれぞれ異なる特徴を持つことが明確にわかる。これにより、開発者は自らの技術のメリットとデメリットを相対的な形で把握することが可能になり、技術改良の方向性検討が容易になると期待される。

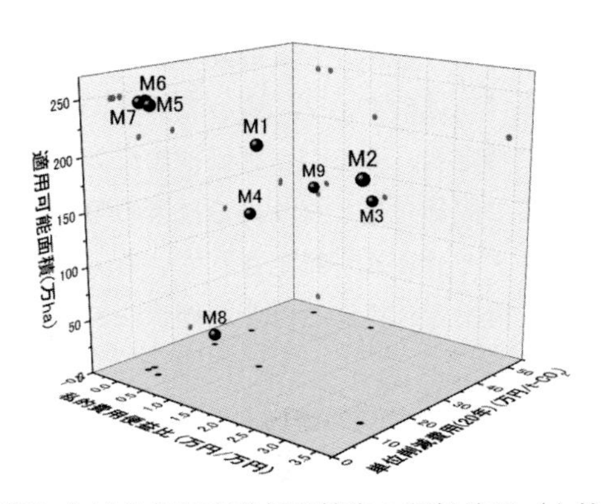

図 2-4　農業分野における気候変動緩和技術の評価結果（小林ら 2014 より）

(2)　気候変動適応技術の評価手法

小林ら（2012）は、農業分野の気候変動適応技術を対象とした経済評価手法を検討している。その目的は、適応技術が社会経済に与える影響の概要を簡易に計算する経済モデルを構築し、それを利用して評価ツールを作成することである。開発中の技術の情報は漏えいがないように、慎重に扱うことが求められるが、評価がツールを使って開発者自身で行えるならば、情報漏えいのリスクは小さくなる。

この研究で開発されたモデルは、応用一般均衡モデルと呼ばれる精密で包括的な経済モデルの近似解を簡易な計算で得るものである。応用一般均衡モデルは、地域や国レベルの経済モデルだが、このようなマクロの視点から技術評価を行うのは、課題の節で述べた合成の誤謬の問題へ対処するためと解釈できる。したがって、この研究で開発されたモデルは、図 2-3 における国・地域レベルのモデルの役割を果たすものである。

開発されたモデルの基本構造は、**図 2-5** で示されるが、図中①の部分に技術データから得られる表 2-4 の技術係数を導入することで、気候変動下での適応技術の社会経済全体に対する効果が計算できる。そしてそこから得られる物価水準などを、図 2-3 が示すようにミクロレベルのモデルに受け渡すことで、技術普及後の状態が評価できる。

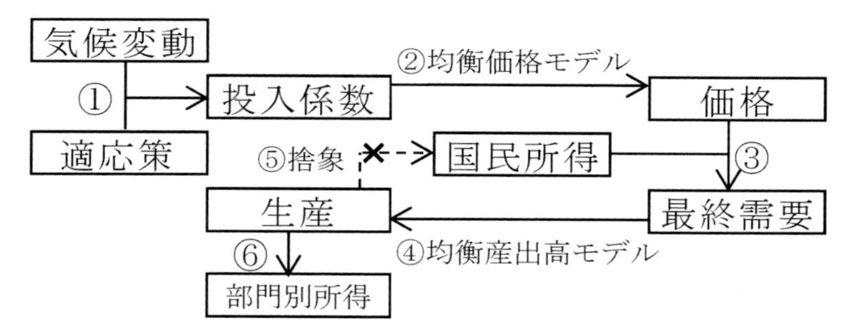

図 2-5　応用一般均衡の近似解導出モデル（小林ら 2012 より）

表 2-4　導入する技術係数（小林ら 2012 より）

係数	名称	農業分野での技術情報
k_j	生産性変化率	気候変動影響による収量変化
$h_{i,j}$	中間投入変化率	適応策導入によるコスト変化（農業資材）
$g_{l,j}$	生産要素投入変化率	適応策導入によるコスト変化（労働、土地、機械）
r_j	生産性回復率	適応策による収量回復

Kobayashi *et al.*(2015) は、図 2-5 のプロセスの改良を試みている。その結果、**図 2-6** が示すように、応用一般均衡モデルの解からの乖離がより小さい改良モデルが構築された。このモデルも図 2-5 のモデルと同様に、連立方程式を解くプロセスを必要とせず、計算を一方向に進めることができる。これは計算がスプレッドシートでも簡単に行えることを意味し、評価ツールの構築と利用が容易になる。実際、このモデルの基づくツールが作成され、そのテストが行われている（**図 2-7**）。

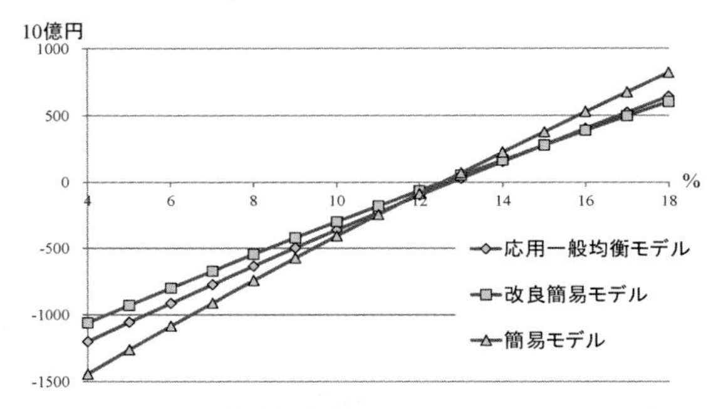

図 2-6　実質所得水準についてのモデル間の差
（Kobayashi *et al*. 2015 より作成）

農林水産業分野における適応技術の簡易経済評価ツール

表1　産業部門と所得分配部門の一覧

1　米

図 2-7　適応技術簡易評価ツールのユーザーインターフェース
（プロジェクト研究「気候変動対策」A-7 系経済評価班 2015 より）

6. おわりに

本章では農業分野での気候変動対策技術の開発を支援する目的で、その経済評価手法のあり方について検討を行った。その中で、技術開発支援を目的とした場合、開発者に不利な状況を招かないために、情報管理に工夫が必要な事、多面的な効果を持つ多様な農業技術の評価のために、技術データに基づく複数の適切な評価指標の設定が必要な事などを議論し、望ましい経済評価手法の方向性を示した。また評価に関わる一連のプロセスにおいて研究者が担うべき役割を議論し、研究者の中心的課題は、科学的アプローチによる評価手法の開発であるという整理を行った。

現在までのところ、技術開発を支援する目的での技術評価の事例や、そのための手法開発は少ない。今後は多くの評価に取り組む中で、その評価結果がどのように技術開発に貢献しているのかを検証し、評価手法を向上させてゆくことが課題である。

（註1）　本章の内容には、小林ら（2012）、小林ら（2014）、Kobayashi and Furuya（2015）で発表された成果を含む。これら既報論文からの転載については、著作権者の承諾を得ている。

引用文献

Easterling, W.E., Aggarwal, P.K., Batima, P., Brander, K.M., Erda, L., Howden, S.M., Kirilenko, A., Morton, J., Soussana, J.F., Schmidhube, J., and Tubiello, F.N., (2007) Food, fibre and forest products. In: Parry, M.L., Canziani, O.F., Palutikof, J.P., van der Linden, P.J., and Hanson, C.E., eds., Climate Change 2007: Impacts, Adaptation and Vulnerability. Contribution of Working Group II to the Fourth Assessment Report of the Intergovernmental Panel on Climate Change, Cambridge University Press, 273-313.

Flichman, G., Donatelli, M., Louhichi, K., Romstad, E., Heckelei, T. *et al.* (2006) Quantitative models of SEAMLESS-IF and procedures for up-and downscaling. SEAMLESS Report No.17, SEAMLESS integrated project, EU 6 th Framework Programme.

氷鉋揚四郎・小林慎太郎・水野谷剛（2005）「環境･経済･財政を視野に入れた科学技術の総合評価 –バイオマスリサイクルプラントを例として–」『会計検査研究』**32**, 51-70.

IPCC (Intergovernmental Panel on Climate Change)(2014 a) Summary for Policymakers. In: Field, C.B., Barros, V.R., Dokken, D.J., Mach, K.J., Mastrandrea, M.D., Bilir, T.E., Chatterjee, M., Ebi, K.L., Estrada, Y.O., Genova, R.C., Girma, B., Kissel, E.S., Levy, A.N., MacCracken, S., Mastrandrea, P.R., and White, L.L., eds., Climate Change 2014: Impacts, Adaptation, and Vulnerability. Part A: Global and Sectoral Aspects. Contribution of Working Group II to the Fifth Assessment Report of the Intergovernmental Panel on Climate Change, Cambridge University Press, 1-32.

IPCC(2014 b) Summary for Policymakers. In: Edenhofer, O., Pichs-Madruga, R., Sokona, Y., Farahani, E., Kadner, S., Seyboth, K., Adler, A., Baum, I., Brunner, S., Eickemeier, P., Kriemann, B., Savolainen, J., Schlömer, S., von Stechow, C., Zwickel, T., and Minx, J.C., eds., Climate Change 2014: Mitigation of Climate Change. Contribution of Working Group III to the Fifth Assessment Report of the Intergovernmental Panel on Climate Change, Cambridge University Press, 1-31.

小林慎太郎・櫻井一宏・渋澤博幸・古家淳（2012）「農業分野における気候変動適応技術の社会経済的評価手法に関する研究」『環境情報科学学術研究論文集』**26**, 19-24.

小林慎太郎・櫻井一宏・中村中・古家淳（2014）「農業分野における気候変動緩和技術の評価手法に関する研究　–研究開発支援の視点から–」『環境情報科学学術研究論文集』**28**, 65-70.

Kobayashi, S. and Furuya, J., (2015) Development of a tool for socio-economic evaluation of agricultural technologies directed toward adaptation to climate change. *Japan Agricultural Research Quarterly*, **49**(2), 135-141.

水野谷剛・森岡理紀・氷鉋揚四郎（2002）「霞ケ浦流域における水質改善新技術の導入を考慮した最適環境政策に関する研究」『地域学研究』**32**, 83-106.

NOAA (National Oceanic and Atmospheric Administration) (2015) State of the Climate: Global Analysis for July 2015. published online, http://www.ncdc.noaa.gov/sotc/global/201507, retrieved on August 24, 2015.

農林水産技術会議事務局（2011）「地球温暖化が農林水産業に及ぼす影響評価と緩和及び適応技術の開発」農林水産省.

農林水産省（2015）「農業・農村の多面的機能」農林水産省.
http://www.maff.go.jp/j/nousin/noukan/nougyo_kinou/(2015 年 8 月 25 日ダウンロード).

プロジェクト研究「気候変動対策」A-7 系経済評価班（2015）『農林水産省委託プロジェクト「気候変動に適応した循環型食料生産等の確立のための技術開発」第 1 分野 A 7 系「地球温暖化が農林水産業に与える経済的影響評価」最終年度報告書』, 国際農林水産業研究センター.

Stocker, T.F., Qin, D., Plattner, G.-K., Tignor, M., Allen, S.K., Boschung, J., Nauels, A., Xia, Y., Bex, V., and Midgley, P.M., eds., (2013) Climate Change 2013: The Physical Science Basis. Contribution of Working Group I to the Fifth Assessment Report of the Intergovernmental Panel on Climate Change, Cambridge University Press.

第３章　輸入実績の異なる農産物に対する消費者の好みの比較

―経済シミュレーションにおける国産品と輸入品の代替関係の設定に向けて―

合崎　英男

1．はじめに

地球温暖化による気候変動が経済に及ぼす影響の予測、あるいはその影響を緩和するための政策の評価のために、応用一般均衡モデルをはじめとした経済シミュレーション手法が幅広く用いられている(註1)(註2)。経済シミュレーションの利点は、気候変動や関連する政策が社会を構成する主体、すなわち、消費者や企業、農家、政府等にどのような影響を及ぼすのか、経済理論に沿って詳細かつ定量的に検討できることである。経済シミュレーションの実施にあたっては、主体間の経済取引の実態をできるだけ精度良く設定する必要がある。ところが、気候変動の影響予測のように長期のシミュレーションを行う場合、数十年先の経済状況を予測することになるため、経済の「実態」は一定の仮定に基づいて設定せざるを得ない。

そのような仮定の１つとして、農産物貿易（輸出入）に関する仮定がある。気候変動によって、農産物の栽培適地は変化することが予測されている。たとえば、日本におけるリンゴの栽培適地は、年平均気温の変化に応じて、21世紀中頃には大きく変化するという予測もある（杉浦・横沢 2004)。農産物の栽培適地の変化は、農産物の輸出入にも影響を及ぼすだろう。栽培適地が減少した農産物については、国内産地からの供給量が制約を受けることになる。国内産地からの供給不足を一部補うように、その農産物の輸入品を消費者は買い求めるかもしれない。

このような影響の連鎖を経済シミュレーションに組み込むためには、農産物の国際貿易を仮定した上で、農産物の国産品と輸入品の代替関係を設定する必要がある。国産品と輸入品の代替とは、国産品（輸入品）の供給条件や価格に変化が生じたときに、国産品（輸入品）の購入量を減らして輸入品（国産品）の購入量を増やすといった消費者の購入行動の変化のことである。通常、このような代替関係は、農産物の貿易や需要に関する統計資料に基づいて、経済シミュレーションに反映させることになる。

ところが、代替関係に関する統計資料が得られないことがある。予測対象とする農産物の輸入が禁止されている、あるいはごく少量の輸入しか行われてない場合、消費者が国産品と輸入品を比較して購入する機会がない、あるいは極めて少ないことになる。その結果、その農産物の国産品と輸入品の代替関係を推定するために統計資料を利用することが不可能になる。適切な統計資料が存在しない農産物を対象として経済シミュレーションを行うためには、国産品と輸入品との間に暫定的な代替関係を仮定しなければならない。さらに、その仮定は、同じような問題に直面している全農産物に対して、一律に設定されることもある（Kunimitsu 2011）[(註3)]。

経済シミュレーションにおける代替関係をできるだけ適切に設定するためには、統計資料以外の情報を利用して、消費者の国産品と輸入品に対する相対的な好み（選好）を明らかにする必要がある。本章では、その第一ステップとして、我が国の消費者が農産物の国産品と輸入品をどのように代替させているのか、独自に行った消費者調査に基づいて検討する。

検討対象とする農産物は、輸入実績の異なるブロッコリー、キウイフルーツ、米、およびリンゴの4農産物である。ブロッコリーとキウイフルーツの輸入品は国内の小売市場でも幅広く見られるが、米とリンゴの輸入品は極めて限られている。2013年の国産米の総需要量832万トンに対して、輸入米は77万トンである（農林水産省 2015）。さらに、その多くは加工用等の非主食用に向けられており、小売市場ではほとんど見かけることはない。リンゴの輸入も限られている。2013年の輸入量は2,291トンであり、同年の国内主要8産地の生産量74万トンの1%にも満たない（青森県 2014）。これら4農産物の国産品と輸入品の代替関係を比較することで、小売市場で輸入品が購入できるか否か（貿易条件）と消費者の輸入品に対する好みとの関係を明らかにできる。そのような関係を明らかにできれば、経済シミュレーションに組み込む農産物の貿易条件を検討するのに役立つだろう。

本章では、消費者の好みを測定するための手法として、表明選好法の1つである離散選択実験（Louviere and Woodworth 1983）を用いる[註4]。表明選好法とは、実際の経済取引の資料からは情報が得られない財やサービスの取引を仮想的に設定して、個人に購入の判断を行わせて、その結果から財やサービスの取引に影響を及ぼす要因（価格水準等）を統計的に明らかにする手法である。仮想的に取引状況を設定して回答してもらうことから、現在の国内市場では入手が極めて限られている米とリンゴに対する消費者の選好を測定するのに適した手法である。また、離散選択実験では取引に影響を及ぼす要因を2つ以上設定することが可能であり、産地と価格という少なくとも2条件を考慮しなければならない本章の検討作業に適した手法となっている[註5]。

2. 調査設計

(1)　調査の概要

消費者選好の測定に必要なデータは、2011年から2013年にかけて実施した3回のウェブ調査を通じて収集した。ブロッコリーとキウイフルーツは2011年1月、米は2012年2月、リンゴは2013年1月にそれぞれ調査を実施した。本章の分析に用いる回答者数は、ブロッコリーとキウイフルーツが480名、米が750名、リンゴが750名である。

各調査は複数の課題を持って実施されたため、本章の分析に際しては課題の違いが分析結果に与える影響をできるだけ小さくするよう対処している。ただし、1回目と2回目の調査の間に、東日本大震災による東京電力福島第一原子力発電所の事故が発生しており、その影響については除外できていない。この事故は、農産物に対する消費者の選択行動、とりわけ産地に対する消費者評価に影響を与えている（氏家2012、吉田2013、Sawada *et al*. 2014）が、本章で利用する調査データでは、その影響を除外するための補助情報が得られないためである。

(2)　離散選択実験の設問の作成

離散選択実験では、回答者に対して２つ以上の選択肢を提示し、回答者から見て最も望ましい選択肢を回答するよう依頼することでデータを収集する。選択肢は複数の属性（特徴）によって表現され、適用事例によって柔軟に設定することができる。本事例であれば、農産物が選択肢であり、産地や価格が属性に該当する。各属性は２つ以上の水準値（内容）を持つように事前に設定することで、ある選択肢は各属性の特定の水準の組み合わせとして表現することができる。

たとえば、**図 3-1** はブロッコリーの調査で使用した離散選択実験の設問例である。回答者は、２つのブロッコリー、すなわち国産品と輸入品が提示され、どちらを購入（選択）するか、あるいは「どちらも買いたくない」を選択するよう質問された[註6]。ブロッコリー選択肢は、産地属性、CO_2 削減率属性、および価格属性の３つによって表現されている。したがって、この例のブロッコリー A は、産地が「国産」、CO_2 削減率が「3%」、価格が「78 円」であると理解できる。

	産地	CO_2削減率	価格（100g当たり）
ブロッコリーA	国産	3%	78円
ブロッコリーB	アメリカ産	3%	43円

上記の２つのブロッコリーのうち、どちらを買いたいですか。
それとも、どちらも買いたくないですか。

1．ブロッコリーAを買いたい
2．ブロッコリーBを買いたい
3．どちらも買いたくない

図 3-1　離散選択実験の設問例（ブロッコリー）

回答者に提示する水準の組み合わせを変化させることで、複数の設問を作成することができる。回答者には、組み合わせの異なる複数の設問を提示するため、提示された水準の組み合わせによって回答（選択）パターンが変化するだろう。設問で提示した水準の組み合わせと回答パターンとの関係を統計解析することで、各水準が選択行動に及ぼす影響を定量的に明らかにできる。

各農産物の属性は「産地」と「価格」に加えて、ブロッコリーとキウイフルーツでは「CO_2削減率」、米とリンゴでは食品安全に関わる属性を設定した。農産物独自の属性については、本章の課題とは別の視点から設定したため、詳細な説明は省略する(註7)。

表3-1に、各農産物の産地属性と価格属性の水準を示す。産地については、輸入品は市場でよく見られる原産国を採用する一方、国産品は米とリンゴのみ産地県を明示した。また、米とリンゴでは、品種をそれぞれ（国産品・輸入品とも）コシヒカリとフジであると説明した。価格水準については、本章と同じ農産物を対象とした先行研究（大浦ら2002、佐藤ら2001、Peterson and Yoshida 2004、中村ら2007）、並びに各農産物のウェブ調査を実施する直前に行った市場価格調査に基づいて設定した。

各農産物の離散選択実験の設問数は、ブロッコリーが6問/名（全36問を6分割）、キウイフルーツが6問/名（全36問を6分割）、米が8問/名（全16問を2分割）、およびリンゴが8問/名（全16問を2分割）である。

表3-1　各農産物の属性と水準

農産物	産地属性	価格属性[1]
ブロッコリー	国産	58円、63円、68円、73円、78円、83円
	アメリカ産	43円、48円、53円、58円、63円、68円
キウイフルーツ	国産	68円、73円、78円、83円、88円、93円
	ニュージーランド産	68円、73円、78円、83円、88円、93円
米	新潟県産	2,000円、2,300円、2,600円、2,900円
	アメリカ産	900円、1,200円、1,500円、1,800円
リンゴ	青森県産	100円、120円、140円、160円
	アメリカ産	60円、80円、100円、120円

註1）：　価格属性の単位は、ブロッコリーとキウイフルーツが100 g当たり、米が1袋（5 kg）当たり、リンゴが1個（350 g）当たりである。

(3)　分析手法

本章で設定した離散選択実験の設問では、提示された農産物のいずれが選ばれたか（どちらも買わないも含めて）という消費者の意思決定を回答データとして把握する。そして、回答パターンの違いと提示された農産物の特徴(産地と価格)の違いとの関係を、統計解析によって明らかにする。離散選択実験では、分析対象となる変数（目的変数）が離散（質的）データであることから、離散データの分析に適した離散選択モデルと呼ばれる統計解析手法を利用する。

離散選択モデルにはさまざまなバリエーションが含まれるが(註8)、いずれのモデルを利用した場合にも共通した特徴を持つ。それは、統計解析の結果を利用することで、各選択肢が選ばれる確率（選択確率）を計算することができ、説明変数の値が変化することで選択確率がどのように変化するか予測できる点である。今回の調査であれば、いずれの農産物の解析結果であっても、設定した国産品と輸入品の価格水準を具体的に定めれば、国産品と輸入品の選択確率が予測でき、さらに価格が変化したときのそれぞれの選択確率の変化も予測できるということである。この特徴を利用して、本章では以下で説明する国産品と輸入品の代替関係を定量的に把握する。

(4)　選択確率の価格弾力性

消費者の農産物の購入行動における国産品と輸入品の代替関係を定量的に捉えるため、農産物の価格が変化したときに、消費者の農産物を購入する確率がどれだけ変化するかを表す購入（選択）確率の価格弾力性という指標を利用する。

一般に弾力性とは、量的に測定できる2つの変数について、以下のような想定のもとで計算される。仮にAという変数がBという変数に影響を及ぼす状況を考えよう。Aの値がa%変化したときに、Bの値がどの程度変化するかその率（b%）を調べて、前者の変化率に対する後者の変化率の比（b/a）を計算したもの、つまりAが1%変化したときのBの変化率を弾力性という。分子と分母ともに値は%単位であることから、両者の比として定義される弾力性は単位のない数値として計算される。たとえば、Aが0.5%変化したときBが1%変化したのであれば、弾力性は2（＝1%/0.5%）となる。この値が1より大きければ、Aの変化率よりもBの変化率の方が相対的に大きいことがわかる。

AとBに利用する変数によって、さまざまな弾力性を定義できる。本章では、価格が変化したときの（選択確率で表現された）消費者の行動パターンの変化に着目することから、Aに相当するものが「価格」、Bに相当するものが各選択肢の「選択確率」として、選択確率の価格弾力性を計算する。さらに選択確率の価格弾力性は、A（価格）とB（選択確率）に想定する農産物の産地を同じとするか別とするかによって、以下に述べる2種類を設定できる。

1つは、選択確率の直接価格弾力性である。これは、国産品（輸入品）の価格が変化したときに、国産品（輸入品）を選択する確率がどの程度変化するかを表す弾力性である(AとBの産地は同じ)。通常、ある農産物の価格が高くなれば、その農産物を購入する消費者の人数あるいは一人当たり購入量は減る。人数や購入量を選択確率で言い換えれば、ある農産物の価格が上昇すれば、その農産物を購入する確率が減少すると表現できる。したがって、選択確率の直接価格弾力性はマイナスになると考えられる。ただし、その値が1より大きくなるか否かは農産物によって異なる。1より小さいということは、価格の変化率と選択確率の変化率を比べた場合、価格変化の程度ほどには選択確率の変化は生じないことを意味する。

本章で用いるもう1つの弾力性は、選択確率の交差価格弾力性である。これは、国産品（輸入品）の価格が変化したときに、輸入品（国産品）を選択する確率がどの程度変化するかを表す弾力性である（AとBの産地は別)。直接価格弾力性の説明において、国産品（輸入品）の価格が高くなれば国産品（輸入品）の購入確率が低くなると説明したが、ある農産物の価格が変化すると、別の農産物（ここでは輸入品）の購入確率にも影響が及ぶことになる。本章の分析では、国産品と輸入品は競合関係にある。つまり、国産品（輸入品）の価格が高くなれば、国産品（輸入品）の代わりに輸入品（国産品）を消費者は買い求める（選択確率が高くなる）と考えられる。したがって、選択確率の交差価格弾力性はプラスになると予想される。

3. 農産物の弾力性の比較

表3-2に、各農産物の選択確率の直接および交差価格弾力性を示す。これらの値はサンプル平均値で計算したものである[註9]。表頭は価格が変化した農産物・産地を示し、表側は弾力性を計算した産地を示す。たとえば、同表の1列目には、ブロッコリーの国産品の価格変化に対して計算された（国産ブロッコリーの）直接価格弾力性（1行目）と（輸入ブロッコリーの）交差価格弾力性（2行目）が

示されており、それぞれ–1.58と3.07となっている。同じく2列目からは、輸入ブロッコリーの価格変化に対して計算された（国産ブロッコリーの）交差価格弾力性（1行目）が0.90、（輸入ブロッコリーの）直接価格弾力性が–2.11であることがわかる。

表3-2　各農産物の選択確率の直接および交差価格弾力性

	価格変化							
	ブロッコリー		キウイフルーツ		米		リンゴ	
	国産品	輸入品	国産品	輸入品	国産品	輸入品	国産品	輸入品
国産品	–1.58	0.90	–2.53	2.58	–1.27	0.48	–1.15	0.81
輸入品	3.07	–2.11	4.59	–5.09	0.81	–0.61	1.76	–1.53

この結果から大きく2つのことを読み取ることができる。第1は、ブロッコリーとキウイフルーツの選択確率は価格変化に対して相対的に敏感に反応する一方、米とリンゴについてはそのような傾向は見られないことである。ブロッコリーの1つのケースで弾力性が0.90と小さい値（絶対値）となっているが、それを除けばブロッコリーとキウイフルーツの直接および交差弾力性は（絶対値で）1.58~5.09となっている。米とリンゴについては最大でも（絶対値で）1.76（国産リンゴ価格変化に対する交差価格弾力性）であり、絶対値で1を下回るケースが3つとなっている。とりわけ、キウイフルーツの直接および交差価格弾力性（絶対値）は相対的に大きく、米については相対的に小さい値となっている。

第2は、国産品の価格変化に対する直接価格弾力性と交差価格弾力性に（絶対値で）注目すると、ブロッコリーとキウイフルーツでは相対的に交差価格弾力性が大きく、米は相対的に交差価格弾力性が小さく、リンゴは両者の中間的な位置にあるということである。ブロッコリーでは直接価格弾力性の1.58に対して交差価格弾力性は3.07、同様にキウイフルーツでは2.53に対して4.59である。一方、米とリンゴで国産価格変化に対する直接価格弾力性と交差価格弾力性を比較すると、米では直接価格弾力性（1.27）が交差価格弾力性（0.81）より相対的に大きく、リンゴでは直接価格弾力性（1.15）が交差価格弾力性（1.76）より相対的に小さいものの、ブロッコリーやキウイフルーツほどではない。米とリンゴでは、国産品の価格が上昇したとしても国産品から輸入品へ購入をシフトする程度が弱くなっている。

このような結果が生じた理由は、次のように考えられる。ブロッコリーとキウイフルーツは、輸入品が国内の小売市場でも多く流通している。そのため、この２農産物について多くの消費者は国産品と輸入品を同程度に知っており、価格の変動に応じて国産品と輸入品を買い分けていると考えられる。他方、新潟県産コシヒカリは国内で強いブランド価値を持っている上に、米は主食であることから輸入米よりも国産米を好む傾向（国産志向）を持つ消費者が多いと考えられる。この強いブランド価値と国産志向という消費者の嗜好性が、米における弱い価格反応性と輸入米の国産米に対する低い代替性をもたらしたと考えられる。リンゴについても、国内で生産・消費される主要な果物であり、国内では輸入品が極めて希少であることから、消費者の国産志向が作用したと考えられる。

ただし、このような結果に対して、本分析では２つの限界がある。第１は、米とリンゴの産地をそれぞれ新潟県と青森県という有名産地としたこと、さらにそれぞれコシヒカリとフジという品種を仮定したことである。米とリンゴは幅広く消費されている主要な農産物であるため、消費者は一般にそれらの産地（県）と品種に関心を持っていると考えられる。そこで、本研究では、この２農産物については、特定の産地県と品種を設定した。しかし、そのことが逆に、国産品と輸入品との代替関係に影響を与えた可能性がある。たとえば、米やリンゴの生産で有名ではない別の県を国内産地として設定した場合、本章で示した結果と比べて、国産品と輸入品の代替関係がより大きくなるかもしれない。この点を検証するには、産地と品種について複数の条件を設定した調査を行う必要とする。

第２の限界は、ブロッコリーとキウイフルーツの実際の購入に関するデータ（顕示選好データ）を利用しなかったことである。４つの農産物の国産品と輸入品の代替関係を比較するためには共通した手法を利用する必要があったこと、しかしながら米とリンゴは実際の市場における輸入品の入手可能性が極めて低かったことから、本章では表明選好法の１つである離散選択実験を採用して調査・分析を試みた。だが、このことは他方で、ブロッコリーとキウイフルーツの消費に関する顕示選好データの利用を断念するという犠牲をもたらした。表明選好データが抱えるバイアスの問題を考慮すれば、顕示選好データを利用すべきという指摘は一考に値する。今後は、表明選好データと顕示選好データの統合アプローチ（Louviere *et al*. 2000）を用いることで、両データの持つ強みと弱みを補い合いながら、国産品と輸入品の代替関係を検証する必要がある。

4. おわりに

本章では、日本の消費者の国産農産物と輸入農産物の代替関係をブロッコリー、キウイフルーツ、米、リンゴという4つの農産物を題材にして、離散選択実験により検討を行った。本結果が示すところでは、ブロッコリーとキウイフルーツについては国産品と輸入品の代替関係は相対的に大きく、米とリンゴのケースでは相対的に小さかった。応用一般均衡分析のような経済シミュレーションにおいて、さまざまな種類の農産物の国際貿易を考慮するときには、現状での貿易条件と消費者の認知度からみた農産物の特性に応じて、代替関係を設定する必要があると結論できる。

なお、利用する弾力性の違いから、本章で推定した弾力性を経済シミュレーションに直接用いることはできないかもしれない。ただし、現状では輸入が制限されている農産物の代替関係を検討するためには、離散選択実験の活用は不可欠であることから、本章で用いたアプローチ並びに推定結果は、経済シミュレーションにおける代替パターンを設定する際の一助になろう。

（註1）本章は、Aizaki（2015）の日本語訳である。翻訳・転載には、原著の著作権を有するJARQ編集委員会の許諾を得ている。本書が想定する読者層を踏まえて用語の解説などを加筆する一方、調査設計やモデル、推定結果などの手法的な部分の説明については簡略化している。

（註2）経済シミュレーションの具体例としては、本書の第1章および第6章を参照されたい。

（註3）長期予測の場合、現在の国産品と輸入品の代替関係が将来も同様であるとは言い切れない。そのため、現在の代替関係を将来にも当てはめるという仮定、あるいは

一定程度の変化の仮定は、統計資料の利用可能性にかかわらず必要となる。

（註4）表明選好法（Stated Preference Methods）および離散選択実験（Discrete Choice Experiments）については、合崎（2005）や Louviere *et al*.（2000）を参照されたい。離散選択実験は、選択実験（Choice Experiments）や選択型コンジョイント分析（Choice-based Conjoint Analysis）とも称されるが、経済学分野では後者の名称の利用は徐々に減少している（Louviere *et al*. 2010）。

（註5）離散選択実験は、国内でもさまざまな農畜産物の消費者研究に応用されている。たとえば、ミニトマト、長ネギ、ブロッコリー、キウイフルーツ（以上、大浦ら2002）、リンゴ（中村ら2007）、米（佐藤ら2001、Peterson and Yoshida 2004）、パン（Saito and Satio 2013）、牛肉（Aizaki *et al.* 2012、Sawada *et al.* 2014）、豚肉（斎藤ら2009）を対象とした研究がある。ほとんどの研究が、農畜産物そのもの、あるいはその特徴に対する消費者評価額（支払意思額）の推定に主眼を置いている。筆者の知る限りでは、Peterson and Yoshida（2004）だけが国産品と輸入品の代替関係に注目している。我が国における離散選択実験を用いた農畜産物の消費者評価研究については、合崎（2005、2010、2012）および Aizaki（2012）で詳しく紹介されている。

（註6）他の3農産物についても、離散選択実験の設問形式は同様であり、回答者は3つの選択肢（国産品と輸入品の2品目＋どちらも買わない）から1つを選択するよう求められた。

（註7）CO_2削減率属性は、通常の栽培方法と比較して、当該品の生産から発生したCO_2がどれだけ削減されているかを示す。また、米とリンゴの食品安全性に関わる属性は、本章の分析からは除外しているバージョンの離散選択実験設問でのみ使用している。価格と産地は、国産品と輸入品の代替関係を検討するために必須であることから、4農産物の設問で共通する属性として設定した。

（註8）本章の分析では、Error Component Multinomial Logit モデルを利用した。詳細については、原著を参照されたい。

（註9）計算方法によって米とリンゴのそれぞれの弾力性は2つの値を求めることができるが、その差は数%である。全体の結果には影響がないため、ここではそれぞれ1つの値を表示している。詳細は原著を参照されたい。

引用文献

合崎英男 (2005)『農業・農村の計画評価–表明選好法による接近–』農林統計協会.

合崎英男 (2010)「農畜産物の新技術・安全性対策・情報伝達手段の消費者評価–表明選好法を利用したわが国の実証研究から–」『食肉の科学』51(1), 1-6.

合崎英男 (2012)「食の安全・信頼の制度と経済システムに関する計量分析の課題」『フードシステム研究』**19**(2), 62-69.

Aizaki, H. (2012) Choice experiment applications in food, agriculture, and rural planning research in Japan. *AGri-Bioscience Monographs*, **2**(1), 1-46.

Aizaki, H. (2015) Examining substitution patterns between domestic and imported agricultural products for broccoli, kiwifruit, rice and apples in Japan. *Japan Agricultural Research Quarterly*, **49**(2), 143-148.

Aizaki, H., Sawada, M., Sato, K., and Kikkawa T. (2012) A noncompensatory choice experiment analysis of Japanese consumers' purchase preferences for beef. *Applied Economics Letters*, **19**, 439-444.

青森県 (2014)「データで見るりんご」 http://www.pref.aomori.lg.jp/sangyo/agri/ringo-data.html (2015 年 6 月 12 日参照).

Kunimitsu, Y. (2011) Asset management of public facilities in an era of climate change: Application of the dynamic computable general equilibrium model. in C. A. Brebbia and E. Beriatos ed., *Sustainable Development and Planning V*, WIT Press, 533-562.

Louviere, J. J. and Woodworth, G. (1983) Design and analysis of simulated consumer choice or allocation experiments: An approach based on aggregate data. *Journal of Marketing Research*, **20**, 350-367.

Louviere, J. J., Hensher, D. A., and Swait, J. D. (2000) *Stated Choice Methods: Analysis and Application*, Cambridge University Press.

Louviere, J. J., Flynn, T. N., and Carson, R. T. (2010) Discrete choice experiments are not conjoint analysis. *Journal of Choice Modelling*, **3**(3), 57-72.

農林水産省 (2015)「米をめぐる関係資料」 http://www.maff.go.jp/j/seisan/kikaku/kome_siryou.html (2015 年 6 月 12 日参照).

中村哲也・丸山敦史・慶野征じ・佐藤昭壽 (2007)「輸入解禁後におけるリンゴの消費者選好分析–食品安全性問題を中心としたアンケート調査から–」『農業経営研究』**45**(2),

73-78.

大浦裕二・河野恵伸・合崎英男・佐藤和憲 (2002)「選択型コンジョイント分析による青果物産地のブランド力の推定」『農業経営研究』**40**(1), 106-111.

Peterson, H. H. and Yoshida, K. (2004) Quality perceptions and willingness-to-pay for imported rice in Japan. *Journal of Agricultural and Applied Economics*, **36**, 123-141.

齋藤陽子・齋藤久光・仙北谷康 (2009)「豚肉のエコフィード認証に対する消費者評価」『農業情報研究』**18**(3), 152-161.

Saito, H. and Saito, Y. (2013) Motivations for local food demand by Japanese consumers: A conjoint analysis with reference-point effects. *Agribusiness*, **29**, 147-161.

佐藤和夫・岩本博幸・出村克彦 (2001)「安全性に配慮した栽培方法による北海道産米の市場競争力–選択型コンジョイント分析による接近–」『農林業問題研究』**37**(1), 37-49.

Sawada, M., Aizaki, H., and Sato, K. (2014) Japanese consumers' valuation of domestic beef after the Fukushima Daiichi Nuclear Power Plant accident. *Appetite*, **80**, 225-235.

杉浦俊彦・横沢正幸 (2004)「年平均気温の変動から推定したリンゴおよびウンシュウミカンの栽培環境に対する地球温暖化の影響」『園芸学会雑誌』**73**(1), 72-78.

氏家清和　(2012)「放射性物質による農産物汚染に対する消費者評価と「風評被害」–健康リスクに対する評価と産地に対する評価の分離–」『フードシステム研究』**19**(2), 142-155.

吉田謙太郎 (2013)「放射能汚染による農林水産物回避行動に関する計量分析」『2013 年度日本農業経済学会論文集』258-265.

第４章　気候変動が我が国の農業生産に与える影響
ー動学的パネルデータ分析ー

徳永　澄憲・沖山　充・池川　真里亜

1. はじめに

米国海洋大気局によれば、2014年の世界の平均気温は1880年以降最高となり、猛威を振るう大型台風や大規模な熱波・旱魃が地球規模で起こり、多大な被害を世界中にもたらしている。この地球温暖化問題は1980年代に科学者の間で議論されるようになり、1988年に地球温暖化に関して政府間で検討する場として「気候変動に関する政府間パネル（IPCC）」が設置され、地球温暖化の原因である温室効果ガス削減策に関する検討がなされている。2020年以降の温室効果ガス削減の新しい枠組みを協議する国連気候変動会議（COP 21）が2015年11月にパリで開催された。こうした温室効果ガスの発生源として製造業、電力、運輸を中心とした産業部門の生産活動が9割近くを占める一方、その地球温暖化によって引き起こされる気候変動の影響を最も受ける産業が農林水産業であろう。100年というタイムスパンで世界の平均気温平年差の推移をみると、1900年で－0.6℃であったものが、直近の2007年では0.3℃まで上昇し、しかも1980年以降はほとんどの年で平均差が0℃を超えていており、確かに地球温暖化が急激に進展していることがわかる（徳永ら　2008）。Stern（2007）の警告書の図3によれば、地球の温度は10年毎に凡そ0.2℃ずつ上昇している。こうした気候環境変化を受け、1990年代以降、旱魃や洪水などの異常気象が見られ、世界の農業や食料生産に深刻な影響を及ぼしている。こうした異常気象も多くの研究者は地球温暖化が引き起こしていると考えている（Stern 2007）。

本稿の目的は、我が国の農業生産がこうした気候変動の影響をどの程度受けているのかを通常の生産関数に気象変数を織り込む形で計測し、その推定した係数から農業生産への影響を明らかにすることにある。気候変動が農業生産に及ぼす影響を把握するには長期間のデータを利用する必要があるが、様々なデータ制約があるために本稿では、気象差がみられる地域データを10数年間のパネルデータとして作成し、そのパネルデータの地域特性を考慮した計量手法であるパネルデータ分析を通じて気候変動の影響を計測することにする。

本稿の構成は以下の通りである。次節では、パネルデータの作成方法について説明するとともに、そこで得られたデータをもとに農産物の生産量や気候変動の動向について概観する。3節では、それを踏まえて静学的パネルモデルとその推定結果について考察し、次に、この推定結果を踏まえて、動学的パネルモデルの推定結果を検討するとともに、短期と長期における生産の平均気温弾力性を計測すると共に、年平均気温の1℃上昇の生産量への変化を計測する。最後に4節で、本稿の結論を提示するとともに、今後の課題を述べる。

2. パネルデータによる気候変動と農業生産の動向

まず、パネルデータの作成について説明する。地域区分については、農林水産省の各種統計で用いられている地域区分である北海道、東北、北陸、関東・東山、東海、近畿、中国、四国、九州とする沖縄を除く9地域とした。そして、本稿で明らかにする気候変動が日本の農業生産にどの程度影響を及ぼしているかどうかを調べるために、農作物として、米と野菜・いも類の2つの作物を取り上げ、それぞれの収穫量のデータを1995年から2006年まで作成した。特に、野菜・いも類の収穫量は大根、馬鈴薯、人参、白菜、キャベツ、ネギ、キュウリ、ナス、トマトの9種類の各収穫量を総和し、算出した。加えて、それぞれ作物の作付面積（ha）に関するデータも整備した。

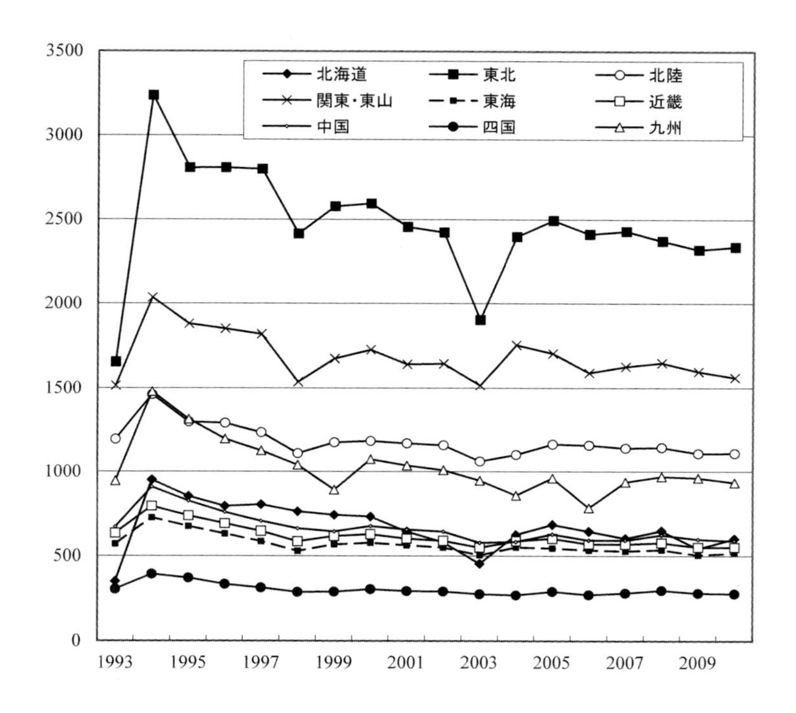

注）単位：1000 トン
出所）農林水産省「作物統計」から作成

図 4-1a　米の地域別収穫量

図 4-1a から米の収穫量の推移をみると、全国的に不作となった 1993 年や 2003 年と 2006 年のように特定の地域を中心に不作となった年のように全国レベルや地域レベルによる異常気候が起因していると思われる事象がみられる。また、**図 4-1b** から野菜・いも類の収穫量の推移をみると、米ほどの収穫量に変動がみられないものの、地域を特定した形で収穫量が一時的に減少している年がみられる。とりわけ、北海道では野菜・いも類のうち馬鈴薯の収穫量が 7 割近くを占めていることから馬鈴薯の生産環境の変化が北海道の収穫量を左右していると推察される。

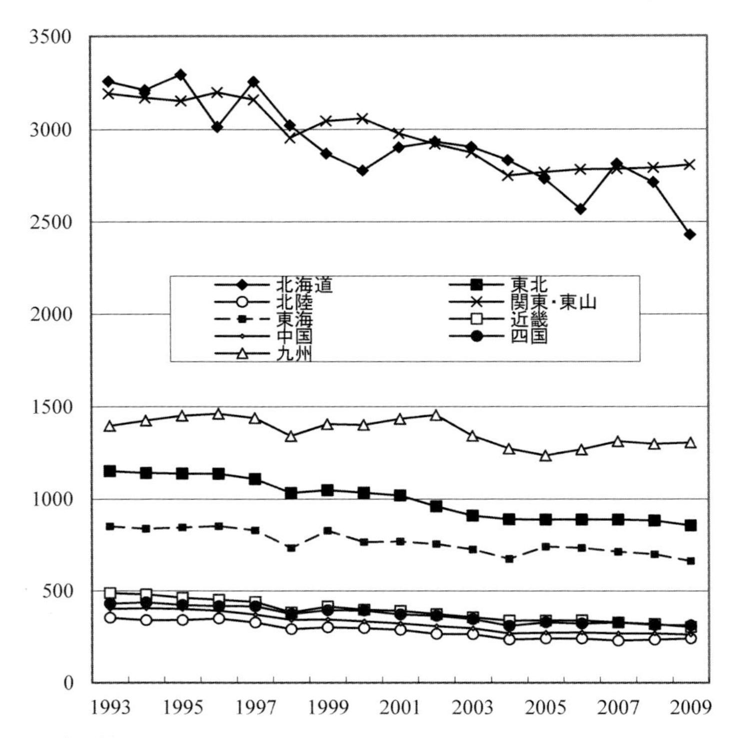

注）単位：1000 トン
出所）農林水産省「作物統計」から作成

図 4-1b　野菜・いも類の地域別収穫量

次に、説明変数である資本と労働に関するデータは、『農業経営統計調査報告』と『農林業センサス』から得た。前者から 1 戸当たり固定資本額と投下労働時間のデータを収集し、総固定資本と総労働時間を算出するために必要となる農家数は、後者の『農林業センサス』から求めた[註1]。但し、これらのデータは調査体系が途中で見直された経緯があり、データの連続性が確保できない。そのためにパネルデータセットを作成する際にこれらのデータを補正する手続きを踏んだ。

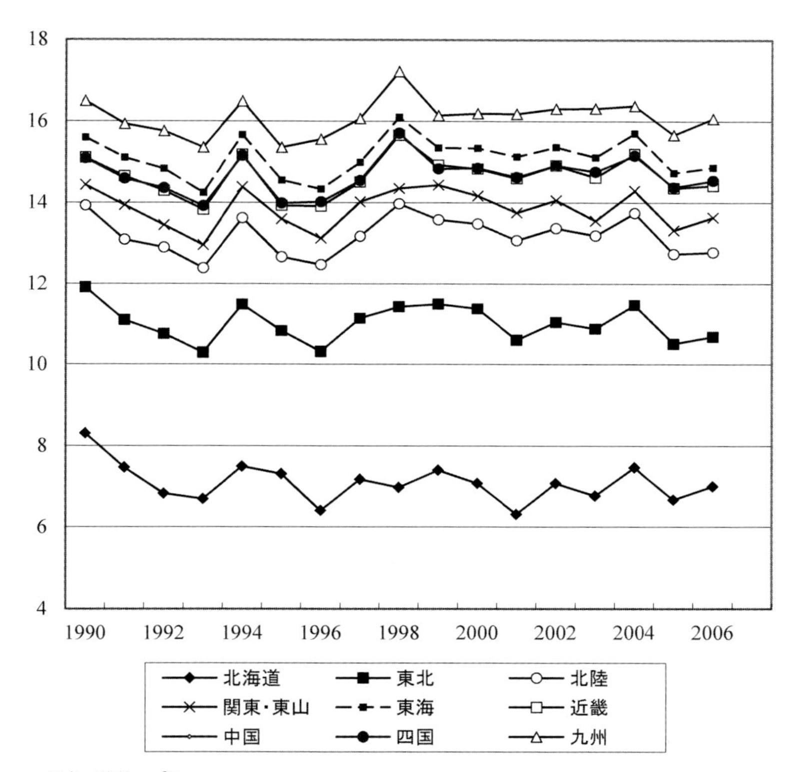

注）単位：℃
出所）アメダスのデータから作成

図 4-2　地域別年平均気温

最後に気象変数について説明する。気象データは 1990 年から 2006 年までのアメダスを利用した。同データは地域別×月別の気温、日射量及び降水量である（註2）。それらのデータを年平均（tema）と一定期間における平均の 2 つの系列で作成した。**図 4-2** は地域別年平均気温の推移である。10 数年間の地域別平均気温の推移をみても、明らかな右肩上がりの傾向を読み取ることができない。しかし、1993 年から 1994 年にかけての気温変化や 1998 年と 2004 年が平年値を大きく上回っている。これらは平年よりも 1℃ ほど上回る気温になっており、異常気象が発生したと言える。また、年平均日射量（suna）と4-10月期平均の日射量（suns）の推移をみても、1993年、1998年、2003年そして2006年は日射量が平年に比べて0.5~1.0 MJ/㎡少なくなっており、西日本での1993年4-10月期平均日射量では1.5 MJ/㎡も少なくなっていることがわかる。さらに、地域別降水量のデータからこれらの年の降水量（raina）が平年以上に多いことが分かる。

3. パネルデータ分析

(1) 静学的パネルモデル

最初に、本稿で生産関数を特定化する前に、過去の先行研究を再検討する。我が国の農業生産関数を計測する目的は、日本の農業における構造変化、効率性及び生産性がどのように変化してきたのかを明らかにすることにあった。そのために、規模の経済の推定がなされ、それらの推定において生産投入要素のデータが比較的入手しやすい稲作生産を中心に、コブ・ダグラス型生産関数が用いられた。こうした研究として、荏開津・茂野（1983）、福地・徳永（1983）、中嶋（1989）、近藤（1991）、高橋（1991）等を挙げることができる。また、生産関数の双対問題としての利潤関数を計測した研究　（Kuroda 1979、加古 1984、神門 1991）や生産関数の双対問題として誘導された費用関数を計測した研究（草苅（1985）、黒田（1988））もある。これらの関数の計量分析を通じて規模の経済や技術進歩の偏向性などの重要な知見が導出された。また、これらの研究の背景には戦後の日本農業、とりわけ稲作に関する兼業化の進展と各種生産要素への補助金政策や減反などの作付け制限政策が稲作の生産活動に与える影響を分析することにあった。そして、減反政策や転作などが稲作農家の利潤や経営規模に与える影響を分析するために稲作の生産関数の推定がなされている（齋藤・大橋（2008）、阪本・草苅（2009））。

こうした先行研究の生産関数に関する推定式は、土地と労働、資本の3生産要素を説明変数とし、被説明変数である稲作の生産量を計測することが基本系となっている。荏開津・茂野（1983）によると、稲作生産技術は機械的（M）技術と生物・化学的（BC）技術に分類でき、それらは相互に補完的である。そして彼らは規模に関して収穫一定であるBC技術からなるBC関数では土地と肥料について完全に代替するとし、収穫逓増であるM技術からなるM関数では資本と労働について完全に代替であるとも指摘している。また、BC関数は一次同次性を仮定している。例えば、高橋（1991）は、北陸地域4県の県別・規模別クロスセクションデータを用い、荏開津・茂野（1983）と同様にBC技術からなるBC関数とM技術からなるM関数を仮定し、それぞれコブ・ダグラス型生産関数を推定した。その推定結果をみると、BC関数の土地のパラメータは0.999であり、ほぼ1である。一方、M関数の資本と労働のパラメータはそれぞれ0.2666と0.9063となっている。加えて、齋藤・大橋（2008）は、県別のパネルデータを用いてコブ・ダグラス型、ストーン・ギアリー型、CES型、トランスログ型生産関数から推定し、阪本・草苅（2009）は東北地域の経営耕作面積別時系列データからトランスログ型生産関数で推定している。齋藤・大橋（2008）によると、土地（作付面積）のパラメータはいずれの関数型で0.79-0.99の範囲で計測され、とりわけコブ・ダグラス型の推定結果は0.995となっている。また、阪本・草苅（2009）も土地（経営耕地面積と減反率から推定した作付面積）パラメータは0.7074と有意になっている。

次に、静学的パネルモデルの推定にあたっては、まず、パネルデータセットの全期間を使って、固定効果モデルと変量効果モデルの両モデルで気象変数を織り込まない土地、資本と労働を説明変数とする生産関数を推定し、そして推定結果からモデルの検定を行い、推定モデルを選択する。次に、この推定結果を踏まえて気象変数を導入した生産関数を定式化し推定する方法を採用する。気象変数として、上述した地球温暖化による気候変動を端的に表す指標である年平均気温（tema）の変数をベースに、4-10月期平均日射量（suns）と8-10月期平均降水量（rains）の変数を採用する。

1）米の場合

まず、北海道と沖縄を除く8地域の1995年から2009年の120サンプルのパネルデータを用いて3つの生産要素を説明変数として稲作の生産量を（1）式のコブ・ダグラス型生産関数で推定する[註3]。

$$Ln(Q_{it}) = \alpha + \beta_i Ln(S_{it}) + \gamma_i Ln(K_{it}) + \delta_i Ln(L_{it}) + \varepsilon_{it} \quad (1)$$

ここで、Q_{it} は t 年における地域 i の収穫量 S_{it} は t 年における地域 i の総作付面積、K_{it} は t 年における地域 i の総投下実質資本額及び L_{it} は t 年における地域 i の総投下労働量である。その推定結果が**表 4-1** である。説明変数である土地、資本及び労働の 3 変数間に多重共線性が存在するので、A-1 の推定式では、労働と資本は正の符号条件を満たすが、統計的に有意でなく、土地だけが符号条件を満たし、統計的に有意であった。そこで、土地だけを説明変数とした場合の固定効果モデルのパラメータは、A-2 から 0.9489 と 1 に近い大きな値となった。一方、土地変数を除く通常のコブ・ダグラス型生産関数で推定したところ、A-3 から資本は有意にならず、A-4 から労働のみが採用される結果になった(註4)。次に、本稿の目的は長期的な気候変化が及ぼす農産物の生産への影響を計量的に推定することにあるので、A-2 の土地を説明変数とし、それに気候変数を追加する形でコブ・ダグラス型生産関数を計測したが、統計的に有意でなかった。そこで、我々は、(2) 式のように、労働を説明変数とし、それに気候変数を追加する形でコブ・ダグラス型生産関数を推定する。

表 4-1　米のコブ・ダクラス型生産関数の推定

	固定効果モデル				変量効果モデル			
サンプル数:120	A-1	A-2	A-3	A-4	B-1	B-2	B-3	B-4
Ln(S)	0.8713 ***	0.9489 ***			1.0191 ***	1.0468 ***		
	(8.93)	(16.47)			(32.82)	(56.03)		
Ln(K)	0.0039		-0.0455		0.0238		-0.0259	
	(0.17)		(-1.54)		(1.24)		(-0.82)	
Ln(L)	0.3247		0.2642 ***	0.2598 ***	0.0121		0.2805 ***	0.2792 ***
	(1.01)		(10.54)	(10.37)	(0.55)		(10.41)	(10.39)
定数項	2.7834 ***	2.2337 ***	11.4600 ***	10.9560 ***	0.9739 ***	1.0548 ***	11.0530 ***	10.7535 ***
	(2.72)	(3.22)	(27.46)	(41.97)	(4.36)	(4.68)	(24.28)	(36.16)
F-検定 (F値)	90.18	271.27	55.65	107.57				
Prob>F	(0.000)	(0.000)	(0.000)	(0.000)				
ハウスマン検定	6.19	3.22	-7.61	-3.99	6.19	3.22	-7.61	-3.99
Prob> χ^2	(0.1027)	(0.0727)			(0.1027)	(0.0727)		
Breusch and Pagan検定					13.42	41.07	399.69	360.94
Prob>χ2					(0.000)	(0.000)	(0.000)	(0.000)
自由度修正済み決定係数	0.993	0.993	0.768	0.810	0.993	0.993	0.791	0.810

***<0.001,**<0.05,*<0.1, ( )の中の値はt値.

(出所) 筆者作成。

次に、労働変数からなる生産関数に織り込む気象変数について説明する。これまでの先行研究のほとんどが水稲を対象とし、実際の水稲の生育状況や収量の年次変動、地域間の差などが気象条件の違いを反映させたモデルから、幾つかの知見が示されている（西森・横沢 2001、河津ら 2007、下野 2008、横沢ら 2009）。これらの研究では、時系列の地域データによるパネルデータを用い、水稲の出穂盛期後の一定期間、気温日較差、日射量などの気象変数を織り込むことで、収量や水稲の品質、地域間での影響の違いなどを明らかにしている。我々は、ここでは、気温変数として、将来の気温上昇を年ベースで予測するので、米と野菜・いも類とも年平均気温（tema）を採用し、日射量は 4-10 月期平均日射量（suns）を、降水量は 8-10 月期平均降水量（rains）の変数を採用する。気象変数は、9 地域における 1990 年から 2006 年の期間のパネルデータである。静学的パネルデータ分析では、この労働変数の年次期間の制約があるので、1995 年から 2006 年の期間の時系列データと北海道を除く 8 地域のクロスセクションデータからなるパネルデータを用い、気候変動の農産物生産へのインパクトを分析するために、(2) 式の生産関数を推定する[註5]。この式で用いる説明変数の基礎統計を示したのが**表 4-2** である。

$$ln(Q_{it}) = \alpha + \beta_1 ln(L_{it}) + \delta_1 ln(tema_{it}) + \delta_2 ln(suns_{it}) + \delta_3 ln(rains_{it}) + \varepsilon_{it} \quad (2)$$

ここで、*tema* は年平均気温、*suns* は 4-10 月期平均日射量及び *rains* は 8-10 月期平均降水量変数の t 年における地域 i の気候データである。推定には、表 4-1 で固定効果モデルを採用したので、このモデルに相当する地域ごとの効果をダミー変数で捉えた、パネルデータのダミー変数最小二乗法（LSDV）を用いる[註6]。

表 4-2 モデルの説明変数の基礎統計量

説明変数(対数)		定義	単位	平均値	標準誤差
ln	L_rice	米生産農家の総労働時間数	(1000時間)	10.4937	0.0653
ln	L_veget	野菜・いも生産農家の総労働時間数	(1000時間)	10.9089	0.0811
ln	Qt-1_rice	一期前の米の生産量	(1000t)	13.6884	0.0683
ln	Qt-1_veget	一期前の野菜・いも類の生産量	(1000t)	13.4654	0.0848
ln	tema	年間平均気温	(℃)	2.6448	0.0117
ln	suna	年間平均日射量	(MJ/㎡)	2.4933	0.0063
ln	suns	4-10月期平均日射量	(MJ/㎡)	2.6636	0.0063
ln	raina*100	年間平均降水量	(100mm)	4.9658	0.0223
ln	rains*100	8-10月期平均降水量	(100mm)	5.0948	0.033

（出所）筆者作成。

米の生産関数の推定結果が**表 4-3** である。S-A.1 から S-A.6 の推定結果から分かるように、労働の係数は正の符号条件を満たし、統計的に有意であった。S-A.6 から、労働弾力性は 0.29 である。一方、S-A.1、S-A.4、S-A.5 及び S-A.6 が示すように、年平均気温（tema）の係数の符号は負で、統計的に有意であった。平均気温弾力性の範囲は－0.39 から－0.82 であり、最も影響が大きい弾力性－0.82 の場合には、年平均気温が 1% 上昇すると、米の生産は 0.82% 減少する。横沢ら（2009、p 204）は、暖候期（5-10 月）では、3℃ 程度の気温上昇までは、全国平均のコメ収量は現在と同程度かあるいはやや増加する程度であるが、それ以上に気温が上昇すると、北海道と東北地域を除く地域ではコメの収量は減少すると予測している。しかし、本稿では、東北地域から九州地域までのパネルデータを利用しているために、両地域の気温差は年平均で 5.0℃、温暖期の 4-10 月期でも 4.3℃ となっている。この点を考慮すると、本稿は横沢・飯泉・岡田(2009)が指摘する気温差が 3℃ 以上という気候条件下と同じ環境下で推定しており、本稿は横沢・飯泉・岡田(2009)の結論とほぼ同じ結果となっていると言えよう(註7)。

S-A.2、S-A.4、及び S-A.6 から分かるように、4-10 月期平均日射量（suns）の係数は、正の符号条件を満たし、統計的に有意であった。日射量弾力性の範囲は 0.56 から 0.64 の間であり、最も影響が大きい弾力性 0.64 の場合には、日射量が1％上昇すると、米の生産は0.64％増加することになる。S-A.3、S-A.5及びS-A.6からわかるように、8-10月期平均降水量（rains）の係数は負で全て統計的に有意であった。その平均降水量弾力性は－0.05から－0.08の範囲内にあり、最も影響が大きい弾力性－0.08の場合に、8-10月期平均降水量が1％増加すると、米の生産は0.08％減少する。

表4-3　静学的パネルモデルによる米の生産関数の推定結果

サンプル数：94	S-A.1	S-A.2	S-A.3	S-A.4	S-A.5	S-A.6
ln (L)	0.2816 ***	0.3200 ***	0.2858 ***	0.2969 ***	0.2764 ***	0.2917 ***
	(9.57)	(11.67)	(9.7)	(11.23)	(9.53)	(11.28)
ln (tema):年間平均気温	-0.8161 ***			-0.6589 ***	-0.5508 **	-0.3948 *
(℃)	(-4.08)			(-3.64)	(-2.35)	(-1.88)
ln (suns)：4-10月期平均日射量		0.6382 ***		0.5619 ***		0.5614 ***
(MJ/㎡)		(5.21)		(4.82)		(4.94)
ln (rains*100)：8-10月期平均降水量			-0.0805 ***		-0.0496 **	-0.0494 **
100mm			(-3.91)		(-2.07)	(-2.32)
地域ダミー：東北	0.2912 ***	0.6236 ***	0.5901 ***	0.3871 ***	0.3921 ***	0.4876 ***
	(3.63)	(16.22)	(14.87)	(5.21)	(4.23)	(5.78)
地域ダミー：北陸	-0.1205 **	0.0431 *	0.0435	-0.0822 *	-0.0642	-0.0262
	(-2.6)	(1.68)	(1.6)	(-1.96)	(-1.21)	(-0.55)
地域ダミー：関東・東山	0.2796 ***	0.4221 ***	0.3926 ***	0.3275 ***	0.3164 ***	0.3641 ***
	(7.21)	(15.89)	(14.31)	(9.1)	(7.53)	(9.47)
地域ダミー：東海	-0.4419 ***	-0.3395 ***	-0.3851 ***	-0.4001 ***	-0.4274 ***	-0.3857 ***
	(-12.38)	(-11.16)	(-12.16)	(-12.14)	(-11.96)	(-11.78)
地域ダミー：近畿	-0.4672 ***	-0.3424 ***	-0.4081 ***	-0.4187 ***	-0.4567 ***	-0.4084 ***
	(-13.45)	(-12.86)	(-14.43)	(-12.86)	(-13.25)	(-12.74)
地域ダミー：中国	-0.5610 ***	-0.5079 ***	-0.4985 ***	-0.5632 ***	-0.5432 ***	-0.5454 ***
	(-18.26)	(-20.85)	(-19.48)	(-20.56)	(-17.32)	(-19.63)
地域ダミー：四国	-1.0458 ***	-0.9509 ***	-0.9787 ***	-1.0313 ***	-1.0336 ***	-1.0192 ***
	(-24.24)	(-28.13)	(-26.66)	(-26.74)	(-24.17)	(-26.84)
定数項	13.1421 ***	8.7546 ***	11.2470 ***	11.0337 ***	12.7168 ***	10.6120 ***
	(18.95)	(19.26)	(32.44)	(14.58)	(17.88)	(13.96)
自由度修正済み決定係数	0.9912	0.9920	0.9910	0.9930	0.9915	0.9933

***<.001,**<0.05,*<0.1,（ ）の中の値はt値.

（出所）筆者作成。

2）野菜・いも類の場合

次に、野菜・いも類について米と同様に⑵式の生産関数を用いて推定する。その野菜・いも類の生産関数の推定結果が**表 4-4** である。S-B.1 から S-B.6 の推定結果から分かるように、労働の係数は正の符号条件を満たし、統計的に有意であり、労働弾力性は 0.59 であった。この値を米の労働弾力性と比較すると、かなり大きいことが分かり、米より野菜・いも類は労働集約的な農産物であると言えよう。一方、S-B.1、S-B.4、S-B.5 及び S-B.6 が示すように、年平均気温（tema）の係数の符号は負で、統計的に有意であった。気温弾力性の範囲は－0.66 から－0.70 の間であり、最も影響が大きい弾力性－0.7 の場合には、年平均気温が 1%上昇すると、野菜・いも類の生産は 0.7% 減少することになる。S-B.2、S-B.4、及び S-B.6 から、4-10 月期平均日射量（suns）の係数は、統計的に有意でなかった。S-B.3、S-B.5 及び S-B.6 が示すように、S-B.3 のみが、8-10 月期平均降水量（rains）の係数の符号は負で、統計的に有意であった。その平均降水量弾力性は－0.097 で、8-10 月期平均降水量が 1% 増加すると、野菜・いも類の生産は 0.097% 減少する。

⑵　動学的パネルモデル

静学的パネルデータ分析の結果をもとに、動学的パネルデータ分析を行い、長期の気候変動の農作物生産への影響を分析する。ここでは、静学的パネルデータ分析で用いた同じパネルデータを用いて、⑶式のように、被説明変数は米、野菜・いも類の収穫量であり、当該農産物を生産している農家の総投下労働時間及び被説明変数の一期ラグとともに、気象変数を説明変数とする動学的生産関数を推定する。パネルデータのダミー変数最小二乗法（LSDV）で推定する。

$$ln(Q_{it}) = \alpha + \beta_1 \cdot ln(L_{it}) + \beta_2 \cdot ln(Q_{it\text{-}1}) + \delta_1 \cdot \ln(tema_{it}) + \delta_2 \cdot \ln(suns_{it}) + \delta_3 \cdot \ln(rains_{it}) + \varepsilon_{it} \tag{3}$$

ここで、$Q_{t\text{-}1}$ は t-1 年における地域 i の収穫量であり、その他の変数は前述した通りである。

表 4-4　静学的パネルモデルによる野菜・いも類の生産関数の推定結果

サンプル数：84	S-B.1	S-B.2	S-B.3	S-B.4	S-B.5	S-B.6
ln (L)	0.5926 ***	0.6220 ***	0.6158 ***	0.5931 ***	0.5932 ***	0.5934 ***
	(9.19)	(9.23)	(9.3)	(9.13)	(9.14)	(9.08)
ln (tema):年間平均気温	-0.7017 ***			-0.6985 ***	-0.6645 **	-0.6710 **
(℃)	(-3)			(-2.96)	(-2.37)	(-2.34)
ln (suns)：4-10月期平均日射量		0.0810		0.0438		0.0292
(MJ/㎡)		(0.38)		(0.22)		(0.13)
ln (rains*100)：8-10月期平均降水量			-0.0967 *		-0.0155	-0.0119
100mm			(-1.77)		(-0.24)	(-0.17)
地域ダミー：東北	0.2103	0.5288 ***	0.4793 ***	0.2179	0.2205	0.2232
	(1.58)	(5.58)	(5.27)	(1.57)	(1.57)	(1.56)
地域ダミー：関東・東山	0.5150 ***	0.6097 ***	0.5710 ***	0.5162 ***	0.5140 ***	0.5150 ***
	(10.23)	(14.52)	(12.38)	(10.13)	(10.11)	(9.95)
地域ダミー：東海	-0.1892 ***	-0.1286 ***	-0.1478 ***	-0.1879 ***	-0.1889 ***	-0.1881 ***
	(-4.19)	(-2.97)	(-3.41)	(-4.1)	(-4.15)	(-4.07)
地域ダミー：近畿	-0.3748 ***	-0.2603 **	-0.3081 ***	-0.3705 ***	-0.3756 ***	-0.3726 ***
	(-3.8)	(-2.63)	(-3.14)	(-3.66)	(-3.78)	(-3.63)
地域ダミー：中国	-0.3790 ***	-0.2620 **	-0.2962 **	-0.3779 ***	-0.3782 ***	-0.3777 ***
	(-3.14)	(-2.17)	(-2.47)	(-3.11)	(-3.11)	(-3.09)
地域ダミー：四国	-0.8718 ***	-0.7880 ***	-0.8151 ***	-0.8712 ***	-0.8717 ***	-0.8713 ***
	(-15.8)	(-15.65)	(-15.78)	(-15.67)	(-15.7)	(-15.57)
定数項	9.0092 ***	6.5102 ***	7.2881 ***	8.8837 ***	8.9784 ***	8.9020 ***
	(8.47)	(6.79)	(8.75)	(7.31)	(8.33)	(7.25)
自由度修正済み決定係数	0.9920	0.9911	0.9914	0.9919	0.9919	0.9918

***<0.001,**<0.05,*<0.1,（ ）の中の値はt値.

（出所）筆者作成。

1）米の場合

米の生産関数の推定結果が**表 4-5** である。D-A.1 から D-A.6 の推定結果から分かるように、労働と生産の一期ラグ変数の係数は正の符号条件を満たし、統計的に有意であった。一方、年平均気温（tema）の係数の符号が負で、統計的に有意であったのは、D-A.1 のみであり、気温弾力性は－0.44 であった。D-A.2、D-A.4、及び D-A.6 から分かるように、4-10 月期平均日射量（suns）の係数は、正の符号条件を満たし、統計的に有意であり、日射量弾力性は 0.74 から 0.76 の範囲内にあった。8-10 月期平均降水量（rains）の係数が負で統計的に有意であったのは、D-A.3 のみであった。その平均降水量弾力性は－0.05 であった。

表 4-5　動学的パネルモデルによる米の生産関数の推定結果

サンプル数：88	D-A.1	D-A.2	D-A.3	D-A.4	D-A.5	D-A.6
ln (L)	0.1905 ***	0.1559 ***	0.1874 ***	0.1582 ***	0.1940 ***	0.1614 ***
	(4.7)	(5.1)	(4.67)	(5.02)	(4.8)	(5.15)
ln (Qt-1)	0.20 **	0.36 ***	0.21 **	0.35 ***	0.18 *	0.34 ***
	(2.09)	(5.31)	(2.31)	(4.66)	(1.92)	(4.46)
ln (tema):年間平均気温	-0.4420 **			-0.0593	-0.2938	0.0568
(℃)	(-2.06)			(-0.34)	(-1.23)	(0.3)
ln (suns)：4-10月期平均日射量		0.7581 ***		0.7476 ***		0.7408 ***
(MJ/㎡)		(7.86)		(7.35)		(7.33)
ln (rains*100)：8-10月期平均降水量			-0.0471 **		-0.0334	-0.0270
100mm			(-2.15)		(-1.36)	(-1.43)
地域ダミー：東北	0.3692 ***	0.4948 ***	0.5238 ***	0.4780 ***	0.4319 ***	0.5276 ***
	(4.11)	(9.79)	(7.78)	(6.76)	(4.3)	(6.74)
地域ダミー：北陸	-0.0222	0.0705 ***	0.0672 **	0.0589	0.0091	0.0834 *
	(-0.45)	(3.39)	(2.47)	(1.48)	(0.17)	(1.93)
地域ダミー：関東・東山	0.2849 ***	0.3226 ***	0.3427 ***	0.3173 ***	0.3112 ***	0.3383 ***
	(5.99)	(9.68)	(7.73)	(8.61)	(6.09)	(8.58)
地域ダミー：東海	-0.3531 ***	-0.2200 ***	-0.3148 ***	-0.2291 ***	-0.3485 ***	-0.2266 ***
	(-6.25)	(-5.78)	(-6.4)	(-4.92)	(-6.2)	(-4.89)
地域ダミー：近畿	-0.3598 ***	-0.2111 ***	-0.3214 ***	-0.2220 ***	-0.3598 ***	-0.2233 ***
	(-6.28)	(-5.9)	(-6.73)	(-4.63)	(-6.31)	(-4.69)
地域ダミー：中国	-0.4154 ***	-0.3142 ***	-0.3731 ***	-0.3247 ***	-0.4136 ***	-0.3241 ***
	(-6.66)	(-8.11)	(-7.08)	(-6.55)	(-6.67)	(-6.59)
地域ダミー：四国	-0.8395 ***	-0.6446 ***	-0.7893 ***	-0.6611 ***	-0.8467 ***	-0.6685 ***
	(-7.69)	(-8.87)	(-8.01)	(-7.56)	(-7.79)	(-7.68)
定数項	10.2980 ***	5.0882 ***	9.1458 ***	5.4065 ***	10.2466 ***	5.4093 ***
	(7.25)	(5.81)	(8.35)	(4.23)	(7.25)	(4.26)
自由度修正済み決定係数	0.9921	0.9954	0.9921	0.9953	0.9922	0.9954

***<0.001,**<0.05,*<0.1,( )の中の値はt値.

（出所）筆者作成。

2）野菜・いも類の場合

野菜・いも類の生産関数の推定結果は**表 4-6** である。D-B.1 から D-B.6 の推定結果から分かるように、労働と生産の一期ラグ変数の係数は、それぞれ正の符号条件を満たし、統計的に有意であった。しかしながら、年平均気温（tema）の係数の符号が負で、統計的に有意であったのは、D-B.1 と D-B.4 のみであり、気温弾力性は－0.49 であった。D-B.2、D-B.4、及び D-B.6 から分かるように、平均日射量(suna)の係数は、3 ケースとも統計的に有意でなかった。一方、D-B.3、D-B.5、及び D-B.6 から分かるように、平均降水量（raina）の係数は、3 ケースとも負で統計的に有意であった。その平均降水量弾力性の範囲は－0.07 から－0.11 であった。

表 4-6　動学的パネルモデルによる野菜・いも類の生産関数の推定結果

サンプル数：77	D-B.1	D-B.2	D-B.3	D-B.4	D-B.5	D-B.6
ln (L)	0.1898 ***	0.1907 **	0.1723 **	0.1890 ***	0.1774 **	0.1774 **
	(2.76)	(2.61)	(2.51)	(2.73)	(2.6)	(2.58)
ln (Qt-1)	0.59 ***	0.59 ***	0.61 ***	0.59 ***	0.60 ***	0.60 ***
	(7.74)	(7.32)	(8.06)	(7.69)	(8)	(7.94)
ln (tema):年間平均気温	-0.4973 ***			-0.4940 ***	-0.3021	-0.2887
(℃)	(-2.92)			(-2.88)	(-1.49)	(-1.39)
ln (suns)：4-10月期平均日射量		0.0673		0.0415		-0.0558
(MJ/㎡)		(0.46)		(0.3)		(-0.38)
ln (rains*100)：8-10月期平均降水量			-0.1103 ***		-0.0741 *	-0.0809 *
100mm			(-3.05)		(-1.71)	(-1.72)
地域ダミー：東北	-0.0658	0.1376	0.0751	-0.0600	-0.0259	-0.0300
	(-0.64)	(1.64)	(0.95)	(-0.57)	(-0.25)	(-0.29)
地域ダミー：関東・東山	0.2092 ***	0.2841 ***	0.2270 ***	0.2097 ***	0.2002 ***	0.1987 ***
	(3.49)	(4.95)	(3.98)	(3.47)	(3.37)	(3.32)
地域ダミー：東海	-0.1366 ***	-0.1012 ***	-0.1190 ***	-0.1354 ***	-0.1342 ***	-0.1357 ***
	(-3.99)	(-2.95)	(-3.66)	(-3.9)	(-3.97)	(-3.97)
地域ダミー：近畿	-0.2553 ***	-0.1984 **	-0.2435 ***	-0.2518 ***	-0.2618 ***	-0.2672 ***
	(-3.37)	(-2.51)	(-3.27)	(-3.26)	(-3.5)	(-3.48)
地域ダミー：中国	-0.2806 ***	-0.2290 **	-0.2591 ***	-0.2802 ***	-0.2805 ***	-0.2811 ***
	(-3.04)	(-2.38)	(-2.86)	(-3.02)	(-3.08)	(-3.07)
地域ダミー：四国	-0.4163 ***	-0.3662 ***	-0.3789 ***	-0.4152 ***	-0.4048 ***	-0.4053 ***
	(-5.9)	(-5.04)	(-5.55)	(-5.84)	(-5.79)	(-5.76)
定数項	4.9249 ***	3.3203 ***	3.9759 ***	4.8021 ***	4.6842 ***	4.8272 ***
	(5.47)	(3.71)	(5.17)	(4.83)	(5.22)	(4.92)
自由度修正済み決定係数	0.9964	0.9959	0.9964	0.9963	0.9965	0.9964

***<0.001,**<0.05,*<0.1,(　)の中の値はt値.

（出所）筆者作成。

3）短期と長期における生産の平均気温に対する弾力性

表4-5と表4-6の動学的パネルモデルの推定結果から、米生産の年平均気温に対する弾力性を求めると、短期と長期ではそれぞれ−0.82と−0.55であることがわかった[註8]。後者の値は、年平均気温が1%上昇すると、米の生産量が長期では0.55%減少することを意味する。この年平均気温の上昇が米の生産量に短期と長期で負のインパクトを与えるという推定結果は、米の単収を平均気温の二乗の関数で説明した推定式においてそのパラメータ推定値の符号が負となったTokunaga *et al.*（2016）の推定結果と整合的である。

同様に、野菜・いも類生産の年平均気温に対する弾力性を計算すると、短期と長期ではそれぞれ－0.7と－1.2となった。後者の値は、年平均気温が1%上昇すると、野菜・いも類の生産量が長期で1.2%減少することを意味する。このことは、今後とも地球規模で温暖化が進み、年平均気温が上昇するならば、米及び野菜生産農家にとって、長期的に温暖化に対する緩和・適応技術を取り入れると共に、温暖化に耐える新品種を作付する必要があることを示唆している。さらに、年平均気温を気候変動の代理変数とみなし、これらの静学的および動学的パネルモデルからの推定結果を基に年平均気温が1℃上昇した場合を計算すると、米の生産量は短期と長期でそれぞれ5.8%と3.9%減少するという結果が得られた。同様な計算方法により、年平均気温が1℃上昇すると、野菜・いも類の生産量は短期と長期でそれぞれ5.0%と8.6%減少するという結果が得られた。

表4-7　短期・長期における生産の年平均気温に対する弾性値

	年平均気温に対する短期弾性値	年平均気温に対する長期弾性値
米	-0.816	-0.551
野菜・いも類	-0.702	-1.204

（出所）筆者作成。

4．結論と今後の課題

本稿では、我が国の農業生産が気候変動の影響をどの程度受けるのかを分析した。通常の生産関数に気象変数を織り込む形のモデルを構築し、パネルデータを用いてダミー変数最小二乗法（LSDV）でそのパラメータを推定し、その推定した係数を基に、気象変数が変化した場合の農業生産へのインパクトを短期と長期で分析した。本研究から日本の農業生産は、地球温暖化がもたらす気候変動によって負の影響を受けることが明らかになった。それは、次の4点に要約できる。

第1に、本稿では気温、日射量、降水量の3つの気象変数を含めた1995年から2006年までの8地域のパネルデータを構築し、静学的パネルデータ分析を行った。静学的パネルモデルとして、米と野菜・いも類の生産に関して、労働変数と気温、日射量、降水量の3つの気象変数を説明変数とする生産関数を構築し、LSDVで推定した。その推定結果から、米の生産量は気温の上昇、日射量の減少、降水量の増大によって減少することがわかった。また、野菜・いも類の生産量においても気温の上昇と降水量の増大によって減少することが実証できた。

第2に、米と野菜・いも類の生産に関して、静学的パネルモデルで用いた変数に、一期前の生産量を説明変数として追加した動学的パネルモデルを構築し、LSDVで推定した。動学的パネルモデルを用いた、米と野菜・いも類の生産関数の推定において、静学的パネルモデルと同様な推定結果が得られた。

第3に、動学的パネルモデルの推定結果から、米生産の年平均気温に対する弾力性を求めると、長期では−0.55であることがわかった。これは年平均気温が1%上昇すると、米の生産量が長期では0.55%減少することを意味する。同様に、野菜・いも類生産の年平均気温に対する弾力性を計算すると、長期では−1.2となった。これは年平均気温が1%上昇すると、野菜・いも類の生産量が長期で1.2%減少することを意味する。このことは、今後とも地球規模で温暖化が進行し、年平均気温が上昇するならば、米及び野菜生産農家にとって、長期的に温暖化に対する緩和・適応技術を取り入れると共に、温暖化に耐える新品種を作付する必要があることを示唆している。第4に、年平均気温を気候変動の代理変数とみなし、これらの静学的と動学的パネルモデルからの推定結果を基に年平均気温が1℃上昇した場合を計算すると、米の生産量は短期と長期でそれぞれ5.8%と3.9%減少するという結果が得られた。同様な計算方法により、年平均気温が1℃上昇すると、野菜・いも類の生産量は短期と長期でそれぞれ5.0%と8.6%減少するという結果が得られた。

最後に今後の展開について述べる。静学的・動学的パネルモデルから推定された地域別ダミー変数のパラメータから、気候変動が各地域の農業生産に対して与える影響には地域差があることが実証できた。この農業生産への地域差を通じてもたらされる地域経済への影響を産業別地域別にさらに詳細に分析するには、動学的多地域間応用一般均衡（DSCGE）モデルを構築し、この動学的パネルモデルと DSCGE モデルを連動させて分析する必要がある。こうした両モデルの構築と連動によって、我々は気候変動を引き起こす地球温暖化が日本の農業生産と地域経済への影響をより詳細に解明できるだけではなく、この問題への対応策がもたらす経済効果と政策評価が可能になるであろう。

（註 1）単一経営農家は、現金収入のうち 80% 以上が主な農作物からの収入である農家を指す。データ作成に関しては、沖山・池川・徳永（2013）参照。

（註 2）AMeDAS の加工データは、農業環境技術研究所の西森基貴博士によってご提供して頂いた。ここに記して感謝の意を表したい。

（註 3）北海道を除いた理由としては、北海道の生産性や資本と労働の投入比率が日本の他の地域と異なっているためである。

（註 4）表 4-1 から、Hausman 検定において同検定の非対称的仮定が成立せず、同検定からでは地域特性が確定的な要因であるか、それとも確率的な要因であるかは判断できない。しかし、少なくとも一致性が確保されている固定効果モデルを選択することが望ましい。

（註 5）時系列データ内には、異常気象が発生したと言える 1998 年と 2004 年が含まれている。

（註 6）Greene（2011）、浅野・中村（2009）及び徳永・山田（2007）等を参照。

（註 7）一方、下野（2008）は最近の北日本の春季の気温上昇傾向が米に対する冷害リスクを高めていると指摘している。加えて、河津他（2007）では、出穂盛期後 10-30 日までの平均最低気温が 1℃ 上昇するにともない一等米比率は平均で 3.57% 低下し、同期間の日射量が 1 MJ 増加することにより 2.59% 増加することを示している。

（註 8）経済が長期の定常状態になると、生産量は時間に関係なく一定となる。従って、長期における米生産の年平均気温に対する弾性性は－0.55［＝－0.44／（1–0.1981）］となる。

引用文献

浅野皙・中村二朗(2009)『計量経済学(第 2 版)』 有斐閣 343 pp.

荏開津典夫・茂野隆一(1983)「稲作生産関数の計測と均衡要素価格」『農業経済研究』**55**

(4), 167-174.

福地崇生・徳永澄憲(1983)「米輸出国の開発政策のマクロ計量分析Ⅰ,Ⅱ」『アジア経済』 **24**(1), 33-46, **24**(2), 24-59.

神門善久(1991)「稲作経営における見積労賃の規模間格差が農地流動化に与える影響」『農業経済研究』**63**(2), 100-117.

Greene, William H. (2011) *Econometric Analysis*. 7th edition, Prentice Hall, New Jersey.

加古敏之(1984)「稲作の生産効率と規模の経済性–北海道石狩地域の分析–」『農業経済研究』**56**(3), 151-162.

河津俊作・本間香貴・堀江武・白岩立彦(2007)「近年の日本における稲作気象の変化とその水稲収量・外観品質への影響」『日本作物学会紀事』**76**, 423-432.

近藤巧(1991)「稲作の機械化技術と大規模借地農成立可能性に関する計量分析」『農業経済研究』**63**(2), 79-90.

Kuroda, Y. (1979) A Study of the Farm-Firm's Production Behavior in the Mid-1960's Japan– A Profit Function Approach–. *The Economic Studies Quarterly*, **30**, 107-122.

黒田誼(1988)「戦後日本農業における労働生産性の成長要因分解:1958-85」『農業経済研究』**60**(1), 14-25.

草苅仁(1985)「稲作の技術進歩と収量変動」崎浦誠治編『経済発展と農業開発』, 193-213.

中嶋康博(1989)「稲作生産構造と土地資本」『農業経済研究』**61**(1), 19-28.

西森基貴・横沢正幸(2001)「気候変動・異常気象による日本の水稲単収変動の地域的変化」『地球環境』**6**(2), 149-158.

沖山充・池川真里亜・徳永澄憲(2013)「気候変動による我が国農業生産に及ぼす影響分析–8 地域パネルデータを用いて」『筑大農林社会経済研究』 **29**, 1-17.

齋藤経史・大橋弘(2008)「農地の転用期待が稲作の経営規模および生産性に与える影響」,*RIETI Discussion Paper Series*, 08-J-059.

阪本亮・草苅仁(2009)「稲作農家の利潤効率性と減反政策」『農林業問題研究』**45**(1), 33 -36.

下野裕之(2008)「地球温暖化が北日本のイネの収量変動に及ぼす影響」『日本作物学会紀事』**77**, 489-497.

Stern, N. (2007) *The Economics of Climate Change: The Stern Review*. Cambridge University Press, UK, 692 pp.

高橋克也(1991)「フロンティア生産関数による稲作の効率性分析」『農業総合研究』**45** (3), 83-101.

徳永澄憲・山田文子 (2007)「我が国食料品製造業における MAR 型外部経済効果:ダイナミック・パネルデータ分析」『日本農業経済学会論文集 2007』, 218-222.

徳永澄憲・武藤慎一・黄永和・孫林・沖山充(2008)『自動車環境政策のモデル分析』文眞堂, 351 pp.

Tokunaga, S., Okiyama, M., and Ikegawa, M. (2015) Dynamic Panel Data Analysis of the Impacts of Climate Change on Agricultural Production in Japan. *Japan Agricultural Research Quarterly,* 49 (2), 149-158.

Tokunaga, S., Okiyama, M., and Ikegawa, M. (2016) Impact of Climate Change on Regional Economies through Fluctuation in Japan's Rice Production: Using Dynamic Panel Data and Multi-regional CGE Model. In Shibusawa, Sakurai, Mizunoya, and Uchida, (eds.), *Socioeconomic Environmental Policies and Evaluation in Regional Science:Essays in Honor of Yoshiro Higano*, Springer, Tokyo, 557-580.

横沢正幸・飯泉仁之直・岡田将誌(2009)「気候変化がわが国におけるコメ収量変動に及ぼす影響の広域評価」『地球環境』 **14**(2), 199-206.

第５章　将来の気候変動と稲作の総合生産性

－マルムクィスト生産性指数で計測した稲作の全要素生産性に対する影響要因－

國光　洋二・工藤　亮治

米の収量と生産コストは，気温や降雨量のような気候条件に左右される。将来的に、平均気温が上昇し、CO_2 濃度が高まれば、中・高緯度に位置する日本では稲作の収量が増加するので、農業にとって温暖化は複音であるとの意見も聞かれる。果たして本当にそうなのか？また、生産量以外に生産コストへの影響は、無視できるのか？これらの疑問点は、先行研究では満足な回答が得られない。そこで本章では、気候条件と稲作の生産性の関係を統計データと回帰分析を適用して実証し、その回帰式と全球気候モデルの予測結果を使って、日本の稲作における生産性の将来動向を明らかにする。また、分析結果をもとに、日本の稲作に関する政策課題について考察する。

1．研究の背景と目的

気候変動に関する政府間パネル（IPCC）の第４次報告書によると、日本の平均気温は、2100 年までに 4~6℃ 増加すると予測されている。生育段階での適度な気温上昇は、稲の生長を促進するが、開花・登熟期の適温を上回る高温はかえって籾の生育を阻害する。また、高すぎる気温条件は、白濁米や胴割れ米の比率を高め、米の品質を低下させる。さらに、海水温の上昇に伴う巨大台風の増加は、洪水被害による収量低下の可能性を高めるとともに、長雨による圃場地表水の排水不良（常時排水不良）を通じて収穫作業の生産性を低下させ、稲作の生産性にマイナスの影響を及ぼすことが想定される。これらの影響が総体的にプラスであるか、あるいはマイナスであるかは、これまでの研究成果からは一概に結論づけることができない（Watanabe and Kume 2009）。

日本経済における稲作の生産シェアは小さく、いざとなれば海外から米を輸入することも可能である。その点を考えれば、気候条件の変化による生産量そのものの変動は無視できるかもしれない。しかし、日本の可住地面積に占める水田の割合はおおよそ3割に及ぶことから、気候変動を通じた稲作の生産性の変化が、耕作放棄地の増加を通じて土地利用を変化させ、農村の景観や生態系を大きく変える可能性もある。したがって、稲作の生産性の将来動向は、食料生産のみならず、国土保全の観点からも重要な研究テーマであると考えられる。

これまで、気候条件と稲作の関係については、圃場実験による調査データをもとに作物生理学的な観点から解明が試みられてきた。これらの知見をもとに、作物の生育や収穫量を気候条件の関数で表す作物モデルを作成し、異常気象による米の単収への影響を予測する研究も進んでいる（横沢ら 2009 ; Iizumi *et al.* 2009）。これらの結果によれば、将来における気温上昇は、地域にもよるが、稲作が盛んな関東以北では、単収の増加につながり、南西日本でも、現状から1~2℃程度の範囲であれば、ある程度の増収効果が期待できるとされている。しかし、この範囲を超える気温上昇は、かえって単収を低下させる可能性が高いと言われている。このような収量の変化を受けて、生産コストや生産性も変化するはずであるが、作物分野の研究では、生産量の変化は予測できても、生産コストや生産性の動向を知ることはできない。

一方、経済分野の先行研究として、Salim and Islam（2010）は、気候変動による干魃被害の増大がオーストラリア農業の総合的な生産性指標である全要素生産性（TFP）にマイナスに影響すること、干魃被害の影響度（マイナス）は研究開発投資の影響度（プラス）と絶対値で見れば同程度であることを実証分析により示している。灌漑施設の整った日本では、干魃の可能性は低いとしても、降雨の排水面を通じた影響は無視できない。

また、Tanaka *et al.*（2011）は、1960年から95年のデータを用いて、気温と降水量を説明変数に加えた稲作の生産関数を推定している。その結果、ある程度の気温上昇が稲作生産にプラスとなるが、異常な高温が生産性を低下させること、また、稲作生産に対しては、気温よりも降水量の影響の方が大きいことが示されている。ただし、気候条件が稲作に影響する場合には、収穫量、品質、生産コストといったいくつかの経路が想定され、この研究では、どのような経路で稲作の生産性に影響が現れるのかは明らかにされていない。また、気候条件と労働・土地・資本からなるコスト要因は独立である（相互に影響しない）とあらかじめ仮定されている。

これらの課題を考慮し、本章では、稲作の総合的な生産性（TFP）の地域別の動向をマルムクィスト指数により定量化した上で、このTFPを目的変数とし、気候要因と社会経済要因を説明変数とする回帰式を38道県の31年間（1979から2010年）のパネルデータを用いて推定する。生産関数分析と異なり、TFPによる生産性を目的変数とすることにより、気候条件が生産面とコスト面に及ぼす影響を総合的に捉えることとする。推定した関数に、IPCCの第4次報告書で取り上げられている全球気候モデル（地球全体の大気、海洋の変化を複数の数式で表わしたもの）の気候変動予測結果を代入し、将来の気候変動が稲作生産性に及ぼす影響を解明する。

本章の分析の特徴は、気候条件と収量及び品質の関係を表す作物モデルと降雨から洪水量を推定する水文モデルを用いることである。これは、第1に、気候条件は、作物の収量、品質を通じてTFPに影響することが想定されることから、この影響経路の違いを示すためである。気温や日射量を直接TFPの関数に用いると、これらの違いが明らかにならない。

第2に、自然科学の知見をベースとする作物モデルや水文モデルを用いることにより、気候条件と収量・品質・洪水量の間に想定される非線形の関係を考慮できる。作物には最適な気候条件があり、それを下回っても、また、越えても収量、品質が低下するという非線形の関係が想定される。降雨についても、地域の地形条件により洪水流出のパターンが異なるので、やはり生産に対する影響は非線形となると想定される。

第3に、これらのモデルを用いることにより、気候条件に関する説明変数の数を限定できる。一般に、気候条件は、米の生育段階ごとに、収量、品質に異なる影響を及ぼすことから、複数の期間と複数の要素（気温、日射量、降雨量等）を考慮する必要がある。しかし、多重共線性の問題や推定における自由度を考えれば、回帰分析で考慮できる要因には限度がある。

第4に、作物モデルや水文モデルは、気候条件のみを外生変数として推計した指標を出力するので、TFPに影響を及ぼしても、TFPから逆の影響を受けることはなく、いわゆる内生性の問題が生じない。作物モデルや水文モデルを用いることで、分析が複雑になる欠点はあるものの、上記の特徴を考慮することは、推定結果のバイアスを少なくする点で重要であると考えられる。

2. 分析の方法

(1) 稲作の全要素生産性（TFP）の計測

TFPは、総生産と生産費用の比で計測され、稲作生産における総合的な生産性、すなわち利潤率の水準を表す指標である。TFPが高くなるほど、稲作全体の生産性が向上し、生産にともなう利益が増加することを示唆する。

個別の稲作経営を考えれば、同じ経営規模であっても生産性の高い農家もいれば、儲けを度外視して生産性の低いまま生産を継続する農家も存在する。各地域の平均的な生産性についても、気候条件や品種特性によって地域格差が現存する。全ての地域の中で、最も生産性の高い地域を基準（生産フロンティアと呼ぶ）に他の地域との生産性の格差を**図5-1**のような図上の距離（これを技術効率性値と呼ぶ）で計測して生産性の状況を定量化するのが、DEA（Data Envelope Analysis）と呼ばれる手法である（Fare *et al.* 1994）。この手法を複数地域の時系列データからなるパネルデータに適用し、各年の横断面データの生産フロンティアとの距離と、時系列的な生産フロンティアの変化を合成し、初期時点を起点に各地域における年次別の生産性と生産フロンティアとの距離の変化を計測する方法が、マルムクィスト指数によるTFPの定量化手法である。

マルムクィスト指数により計測したTFPは、非効率な生産を行う地域の存在を許容した上で、生産地域ごとの生産性の優劣を比較できるので、現実の生産状況に即した計測手法であると考えられる。また、計測のときに、完全競争市場のような仮定を要しないという長所もある。しかしその一方で、生産フロンティアと目される地域が、実はデータ計測のミスでそのような値を示していたとすれば、その影響が全ての地域の生産性水準に影響する。この点で、マルムクィスト指数によるTFPの定量化手法は、データ・エラーに対して非常にセンシティブであるという欠点を有する。とはいえ、非効率な生産地域の存在を許容するという仮定は、日本の稲作の状況を考えれば、大きなメリットである。このような特徴は、他の計測方法（例えば、ソロー残差による計測）には見いだし難いことから、以下の分析ではマルムクィスト指数による計測手法を採用する。

なお、マルムクィスト指数では、データの初年次の各地域の水準をを1とした相対的な値が得られる。初年次の生産性水準の地域差を考慮し、現実のデータとなるべくスケールを合わせるため、基準となるフロンティア地域のTFPを生産関数から逆算した式（$TFP = Y / \prod_i c_i^{\alpha_i}$、$i$は生産投入要素の別を表わす）を用いることとする。この式で計算した初期値を全ての地域、全ての年次のマルムクィスト指数値に乗じてTFPの影響関数の推定に用いる。

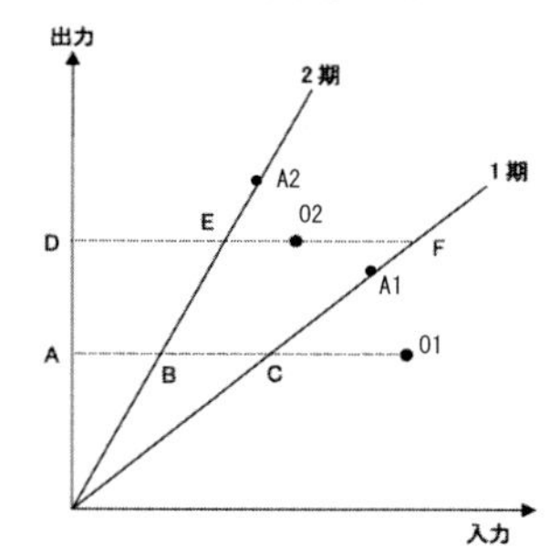

図 5-1　生産フロンティアと効率性

（図註）A 1とA 2がそれぞれの期の最も高率的な生産地域であるとすれば、1期にO 1点で生産を行う地域の効率性は、縦軸からO 1までの距離と生産フロンティア（原点とA 1を結ぶ線）とO 1との距離の比（AC/AO 1）で表せ、1期と2期の生産フロンティアまでの距離の変化は、(DE/DO 2)/(AC/AO 1）である。さらに、生産フロンティアのシフト効果を1期と2期それぞれのフロンティア・シフトの幾何平均で表せば、$\sqrt{(AC / AB)(DF / DE)}$ となる。マルムクィスト指数は、両者の積、すなわち $(DE/DO2)/(AC/AO1) \times \sqrt{(AC/AB)(DF/DE)}$ で定義される。

（出所）山崎・伊多波（2010）「国立大学法人の効率性と生産性の計測」会計検査研究 No. 41

⑵　TFP に対する影響要因関数

稲作の TFP に影響する要因として、収量、品質、洪水被害を通じた気温、日射量、降雨量のような気候要因に加え、規模の経済、研究開発投資による知識ストック量、都市化のような社会経済要因を想定する。これら要因の変化率が TFP の変化率にどの程度の大きさで影響するのかを計測するため、以下のような関数を想定する。

$$\ln(TFP_{r,t}) = \beta_{0,r} + \beta_1 \ln(CHI_{r,t}) + \beta_2 \ln(CQI_{r,t}) + \beta_3 \ln(CRI_{r,t}) + \beta_4 \ln(CFI_{r,t}) + \beta_5 \ln(MA_{r,t}) + \beta_6 \ln(KKn_t + KKp_{r,t}) + \beta_7 \ln(POP_{r,t}) + \varepsilon_{r,t} \quad (1)$$

ここに、r は地域区分を、t は年を表す。β は推定係数で、対数線形で定式化しているので TFP の各説明変数に関する弾力性（被説明変数の変化率と説明変数の変化率の比で計算され、各説明変数の TFP に対する影響度を示す指数）を表す。ε は誤差項である。*CHI*、*CQI*、*CRI*、*CFI* は、それぞれ稲作の収量指標、外観品質指標（一等米比率）、長雨指標、洪水指標である。

CHI と *CQI* は、作物モデル（**図 5-2**）を用いて、気候条件のみの変動により変化する米の単収と品質の動向を定量化したものである。*CRI* は、長雨時（8、9 月の総降雨量により計測）の圃場面のぬかるみによる作業性の低下を説明する指標である。さらに *CFI* は、水文モデル（**図 5-3**）を用いて 8、9 月の各流域の最大洪水量を推定し、それを面積で除した指標で定量化したもので、洪水被害の代理変数である。これら気候要因に関する指標の計測方法については、補論 1 を参照されたい。

一方、*MA* は規模の経済を表す稲作農家の平均経営規模である。*KKn* と *KKp* は研究開発投資が積み上がって構成される知識ストックであり、技術進歩を表象する。*KKn* は、国レベルの研究開発による知識ストック、*KKp* は都道府県レベルの知識ストックを表す。*KKn* は、全国の全ての都道府県で利用可能な知識、いわば公共財的な性格を持つ知識の水準を表すと考えて、⑴式の *KKn* には r の添え字を付していない。一方、*KKp* は都道府県が独自に蓄積した知識ストックであり、影響する地域が限定されると仮定する。例えば、北海道が開発した「きらら 397」や山形の「つや姫」のような新品種が開発地域にターゲットを絞って普及される状況を想定している。*POP* は都市化の程度を各県の人口密度で表した変数である。

3. データ

⑴式の推定に用いるデータには、31年×38県のパネルデータを用いる。対象年は、1993年を除く1979~1992年及び1994~2010年である。1993年は極端な冷

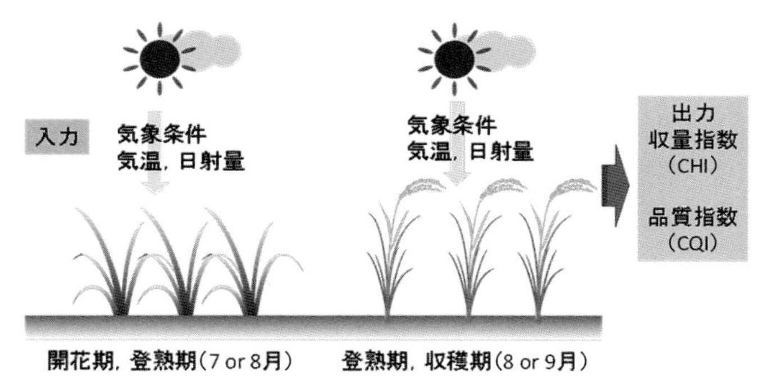

図 5-2　作物モデルのイメージ

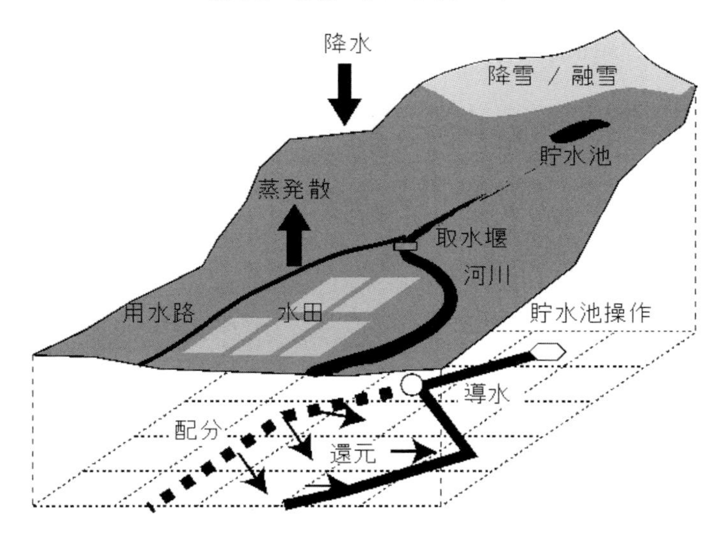

図 5-3　水文モデル（分布型水循環モデル）のイメージ
（図註）地形を複数のメッシュに分割してモデル化している。

害年で、生産費調査の中で米の主要産地である青森、岩手、宮城のデータが欠測しているので除外した。対象地域は、米の生産費データが公表されている上記3県を含む38の道県とした。残りの9都府県(東京、神奈川、山梨、大阪、奈良、和歌山、佐賀、長崎、沖縄)は、稲作の生産額が小さく、生産費データが公表されていないか、あるいは欠測年が多いので、分析対象から除いた。

稲作のTFPを計測するときには、「米及び麦類の生産費調査」(農林水産省)に掲載されている粗生産額、労働費(=労賃×労働時間)、資本ストック額及び肥料や農薬等の中間投入額の県ごとのデータを用いた。土地投入額は、生産費調査の地代に「耕地及び作付面積統計」(農林水産省)の米作付面積を乗じて求めた。生産額と投入額(労働と土地以外)については、「農業・食料関連産業の経済計算」(農林水産省)の費目ごとのデフレータを用いて実質額を求めた。労働と土地は、基準年(1995年)の労賃ないし地代を全期間について用いることにより、固定価格の投入額を算定した。

知識ストックは、「農林水産関係試験研究要覧」(農林水産省、各年)の農林水産分野の研究開発投資額を国民経済計算の投資デフレータで実質化した投資額をもとに、内閣府(2011)の方法にしたがって恒久棚卸法(PI法)を適用して定量化した。すなわち、$KK_t = IR_{t-Lag} + IR_{t-1-Lag} + \cdots + IR_{t-N-Lag}$ である。なお、Lag と N は、それぞれ知識の普及ラグと耐用年数であり、内閣府と同様に、Lag=3年、N=10年とした。つまり、研究開発による技術知識は、3年後から実際の農業生産で活用されはじめ、その後、10年間活用された後に陳腐化すると考えている。

定量化のときに用いる研究開発投資額は、全国レベルの投資額と都道府県レベルの投資額に分けて、開発主体別の知識ストックを推計した。全国レベルの研究開発投資には、国立研究開発法人(旧独立行政法人、2000年以前は国立)の研究機関、大学、民間企業の農林水産業研究開発投資額を用い、都道府県レベルの研究開発投資には、地方公共団体の農林水産業研究開発投資額を使った。

なお、ここで用いた研究開発投資には、稲作以外の作物や水産と林業を対象とした研究開発が含まれる。しかし、作物や分野ごとの研究費のシェアは、長期的に同じ率で維持される傾向が強い。そのため、農林水産全体の知識ストックと稲作のみを対象とした知識ストックの時系列的な動向は（もし、データ上分離できれば）、ほぼ同じ傾向をとるとみなせる。そうであれば、回帰分析の結果では（特に、(1)式のような対数線形式の場合には）、全体の知識ストックの影響度と稲作のみの知識ストックの影響度は、ほぼ同程度の値で推定されるものと考えられる。

また、気候要因（*CHI*、*CQI*）を算定する作物モデルの推定のときに用いる気候条件（気温、日射量等）は、Automated Meteorological Data Acquisition System（AMeDAS、気象庁）の地理メッシュごとの値を、メッシュ内の水田面積を用いて都道府県ごとに集計した値を用いた。*CFI* の計算に用いる水文モデルや *CRI* の算定に使う日降雨量についても、同じような処理をした。最終的な各変数の記述統計量は**表 5-1** の通りである。

表 5-1　各変数の記述統計量

変数	内容	単位	平均	変動係数	標準偏差
TFP	稲作 TFP（マルムクィスト指数）		2.01	0.20	0.39
MA	平均経営水田面積	ha/戸	0.98	0.81	0.79
KK_n	知識資本（全国ベース）	兆円	18.74	0.21	3.94
KK_P	知識資本（都道府県ベース）	兆円	0.43	0.55	0.24
CHI	米の収量指標（作物収量モデルによる単収推計値）	トン/ha	4.95	0.11	0.53
CQI	米の品質指標（作物品質モデルによる一等米比率推計値）	%	67.64	0.13	9.07
CRI	総降雨量指標（8、9月の総降雨量）	100 mm/2ヶ月	5.80	0.41	2.36
CFI	洪水指数（水文モデルによる8、9月の最大流量推計値）	千万トン/日/㎢	2.44	1.04	2.53
SR 7	7月の平均日射量	MJ/㎡	16.85	0.14	2.31
SR 8	8月の平均日射量	MJ/㎡	17.33	0.13	2.20
SR 9	9月の平均日射量	MJ/㎡	13.45	0.11	1.45
TM 7	7月の平均気温	℃	23.71	0.08	2.00
TM 8	8月の最高気温の平均	℃	24.87	0.07	1.71
TM 9	9月の日最高気温の平均	℃	21.12	0.10	2.03
$T_{min}78$	7、8月の日最低気温の平均	℃	20.82	0.08	1.73
POP	人口密度	1000人/㎢	0.94	0.59	0.56

4. 分析結果

(1) 地域別のTFPの動向

図5-4は、マルムクィスト指数によって計算した各地域の稲作TFPの動向を示したものである。紙数の制約から38道府県全てについて示すことができないので、農業センサス区分の9地域（沖縄を除く）ごとに、比較的水田面積が多い道県をピックアップした。この図から、北日本（北海道や秋田）は、関東以西の南西日本の地域より高い生産性を示すことが分かる。

時系列で見ると、大半の地域のTFPは増加傾向で推移するが、地域ごとに増加率が異なっている。傾向的には、北海道や秋田のような北日本のTFP増加率が大きく、関東より南西の県では、TFPの増加率が低くなる傾向にある。また、茨城のような大都市近郊では、TFPの増加率がほとんど0となっている（ここには載せていないが、同様な傾向は千葉でも見られる）。

(2) TFPの変動に影響する要因

それでは、どうして稲作TFPの動向が地域によって異なるのであろうか。それを検討するため、TFPの影響関数（(1)式）を実際のデータで推定した結果に注目する（**表5-2**）。

この表の推定のときに、固定効果モデル（切片の値が地域ごとに異なると仮定する場合）とランダム効果モデル（切片の地域差に統計的な有意性はなく、ランダムに割り振られていると仮定する場合）を想定した。推定値について統計的な検定（ハウスマン検定）を行うと、固定効果モデルが統計的に優れる結果（ハウスマン検定統計量は、1%の水準で有意）となった。したがって、TFPの地域差は見かけ上のものではなく、地域ごとの歴史的な経緯、営農類型、さらには土壌条件の違いのような潜在的な地域特性の差が存在し、その地域差は、各地域のTFPの変動に比べて十分に大きな値を示しているとみなしうる。

気候条件に関する推定係数に着目すると、推定係数の絶対値は、収量指標＞品質指標＞長雨指標＞洪水指標の順となった。また、収量指標の係数は、経営規模や知識ストックのような社会経済要因と同じくらい大きな値をとる。この推定係

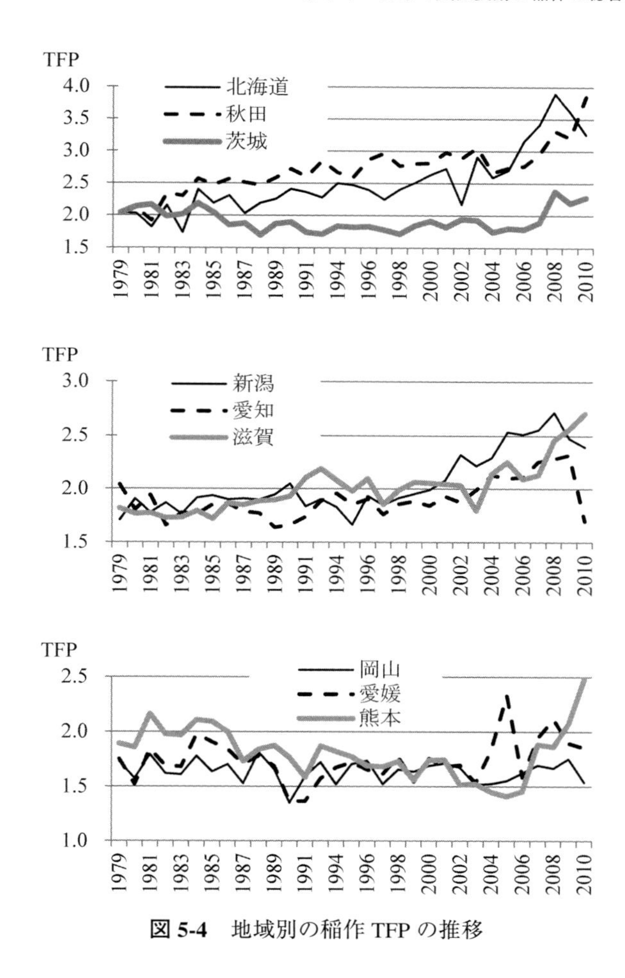

図 5-4　地域別の稲作 TFP の推移

数は、もとの関数が対数線形式なので、弾力性（各説明変数 x について、$\frac{\partial TFP}{TFP} \Big/ \frac{\partial x}{x}$ で表せ、説明変数 x が１%変化したときに TFP が何%変化するかを表す）に一致する。

ただし、この弾力性は、収量指標の変動に対する影響度であり、具体的な気温や日射量の影響とは異なる。作物モデルの係数から、気温変化（収量指標ないし

表 5-2　TFP への影響関数の推定結果

項目	固定効果モデル			ランダム効果モデル		
	推定係数	t 値		推定係数	t 値	
変数						
Constant	−0.025	−0.19		−0.361	−2.92	***
In（*MA*）	0.357	11.40	***	0.271	10.78	***
In（KK_n）＋KK_P	0.134	5.88	***	0.150	7.28	***
POP	−0.327	−5.23	***	−0.081	−3.00	***
In（*CHI*）	0.204	4.30	***	0.219	4.75	***
In（*CQI*）	0.104	4.90	***	0.107	5.07	***
In（*CRI*）	−0.046	−3.26	***	−0.040	−2.89	***
In（*CFI*）	−0.004	−0.93		−0.006	−1.36	
自由度調整済 R^2		0.67			0.35	
対数尤度		991.00			948.00	
AIC（赤池情報量基準）		−1.61			−1.60	
固定効果検定統計量（F 値）		33.45（p=0.00）				
ハウスマン検定統計量（X^2）		37.73（p=0.00）				

品質指標を通じた）に対する TFP の弾力性（影響度）を計算した結果が**図 5-5** である。気温に対する TFP の弾力性は、平均気温の水準により年代別、地域別に異なる。収量指標と品質指標そのものの TFP 弾力性は、表 5-2 の結果のように前者の方が 2 倍以上に大きいが、気温のこれら指標に対する影響度は品質指標の場合の方が大きいため、最終的な TFP の弾力性で見ると両者ともにそれ程大きな違いがなくなっている。一般に、稲作の収量変動に感心が集まるが、気候変動の影響は品質を通じた影響も収量と同程度に大きいことを示唆する。

北海道では、2060 年までは収量指標、品質指標のいずれの場合でも気温の TFP 弾力性はプラスであるが、それ以降は温暖化にともない弾力性がマイナスになっている。南西日本の地域では、現状の状態で既に TFP 弾力性がマイナスになっており、2060 年以降ではマイナスの値がさらに加速している。これは、将来の平均気温が、米の収量及び品質における閾値（最適気温）を越えるためであり、作物分野の分析結果（横沢ら 2009）と整合的な結果である。

収量の場合よりも品質の方がやや低い閾値温度となっているので、マイナス値をとる地域がより北方で、早い時期に現れる傾向がある。いずれにせよ、将来の温暖化は、2060年頃までの北海道では稲作の生産性にプラスに寄与するが、それ以降は全ての地域において稲作の収量、品質を通じてマイナス影響に転じる。しかも、気温のTFP弾力性は、－1を越えており、閾値を超える高温域では、気温の変化率以上にTFPが変動することが示唆される。特に、南西日本の地域では、既に温暖化のマイナス影響が現れており、このことがTFPの時系列的な傾向のところ（図5-4）で見られた南西日本における低いTFP増加率の一つの原因であるとみなしうる。

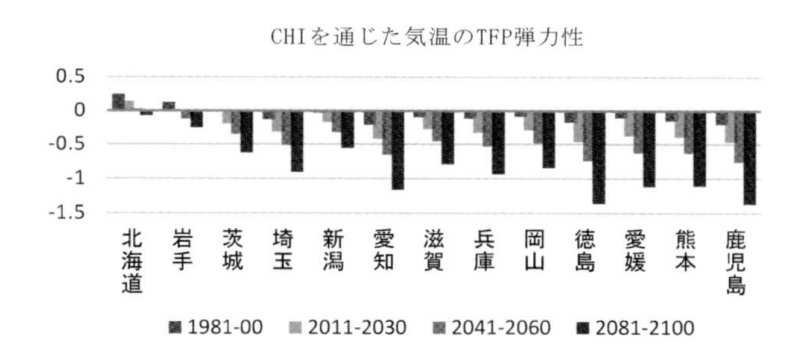

(i)　収量指標変化を通じたTFPの気温弾力性

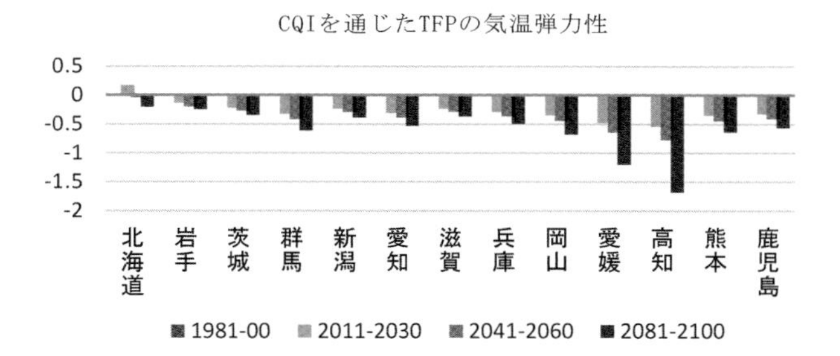

(ii)　品質指標変化を通じたTFPの気温弾力性

図5-5　TFPの気温変化に対する弾力性

図 5-6 は、長雨指標を通じた降水量変化に対する TFP 弾力性と洪水指標を通じた夏期最大日雨量の変化に対する TFP 弾力性を図示した結果である。いずれの場合も、降水量の TFP 弾力性はマイナスで、降雨が増加するほど稲作の生産性が低下することが示されている。

長雨指標の場合は、TFP の推定のときに指標値（総降雨量）の対数値を説明変数として用いていることから、地域ごとの差は計測できていないが、洪水指標の場合は TFP 弾力性に地域ごとの差が出ている。これは、降雨にともなう単位洪水量の水準が、流域特性を反映して地域ごとに異なるためである。道県ごとに見ると、北海道、秋田、富山、岡山、愛媛、鹿児島では、降雨変化が直接的に地域から流出する洪水の変化につながる傾向が強いため、TFP 弾力性が大きくなる傾向がある。

長雨指標と洪水指標を比べれば、図 5-6 のグラフから読み取れるように、いずれの地域でも前者の方が高い TFP 弾力性を示す。したがって、TFP に対しては、洪水よりも長雨による圃場排水不良の影響の方が深刻であると言える。ただし、長雨の影響も気温の収量を通じた影響に比べれば小さく、Tanaka *et al.*(2011) の結果と異なる結果となっている。本章で行った分析は、猛暑日が頻発する 2000 年代のデータを含むこと、また、考慮した気候条件の数が格段に多く、非線形の

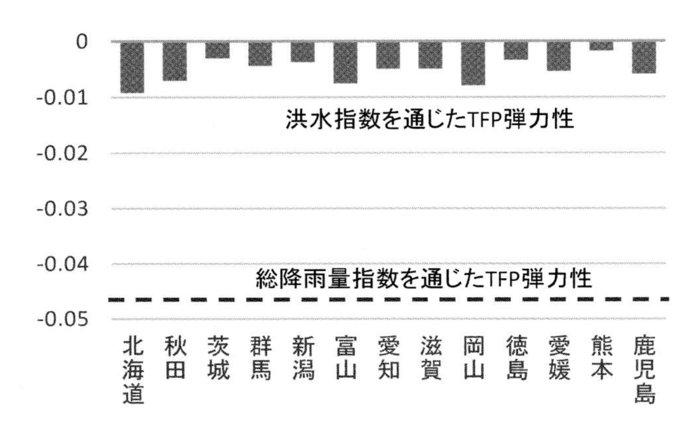

図 5-6　TFP の降水量弾力性（1979-2010）

影響も気候条件毎に変えていることから、最近の稲作の生産性に対しては、本章の結果が示すように、気温の影響がよりクリティカルであると考えられる。

表 5-2 の推定結果のうち社会経済条件に関しては、推定係数（各変数に対する TFP 弾力性）が最も高いのが平均経営規模であり、研究開発による知識ストックは平均経営規模よりも係数が小さくなっている。平均経営規模の拡大による規模の経済性の発現が稲作の生産性の向上にとって鍵となる要因である。これから類推すれば、北日本に比べて南西日本の規模拡大の進捗スピードが遅いことが、南西日本における TFP の低成長につながっていると考えられる。

人口密度は、マイナスの係数をとる。これは、都市化が進んでいる地域では、混住化の悪影響に加え、畑作が主なために稲作がおろそかになる農家が多いことが想定され、地方部よりも稲作の生産性が低くなりがちであると解釈できる。この影響が顕著に生じているのが、茨城をはじめとする関東地域の県である。

(3)　将来の TFP の予測

図 5-7 は、推定したモデルを用いて、稲作の TFP の将来動向を予測した結果である。全ての説明変数による予測結果のグラフでは、1979~2010 年の間については実績値をそのまま用い、2011 年以降の区間では、予測値をプロットした。予測のときには、気候要因に関し、将来の気候変動を長期に予測できる全球気候モデル（MIROC ver 3 h, K 1 model developers 2004）の将来予測結果を用いた。

社会経済要因については、平均経営規模と知識ストックについては 1979~2010 年の実績値の傾向を外挿した値を代入し、人口密度については、現状と変わらないと仮定して将来の TFP を推計した。図では、要因間で影響度を比較するため、全ての説明変数を用いて予測した場合（実線）と、社会経済変数のみを用いて予測した場合（点線）のグラフを載せている。

この図をみると、全説明変数による TFP の傾向と社会経済要因のみによる TFP の傾向が、いずれの地域でも概ね平行に上昇している。これは、将来の TFP の上昇傾向をもたらすのが、規模拡大や研究開発投資による知識ストックの蓄積であり、社会経済要因の方が支配的であることを意味する。

気候要因は、年次ごとの TFP の上下方向の変動をもたらすが、長期的な上昇

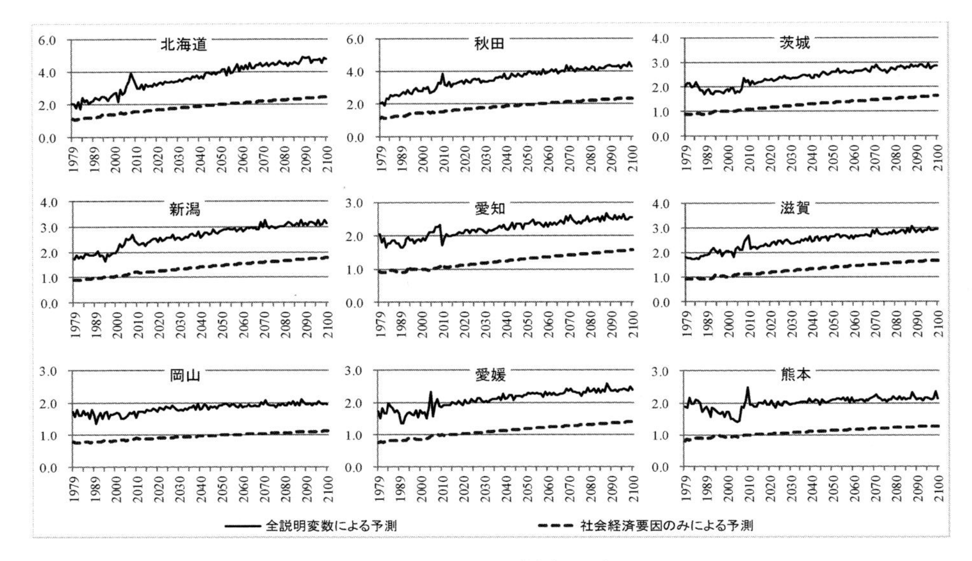

図 5-7 TFP の将来予測

にはほとんど寄与していない。ただし、北海道では全説明変数による TFP の上昇傾向が社会経済要因の TFP の上昇傾向よりも強く（傾きが大きい）、逆に熊本では前者の傾きの方が緩くなっている。この差は、気候変動の長期的な影響であり、北海道では稲作の生産性に将来の温暖化がプラスに寄与するが、逆に熊本ではマイナスに寄与することが示唆される。

4. まとめと政策的含意

本章では、日本のパネルデータを用いて稲作の総合的な生産性である全要素生産性（TFP）に対する影響要因を実証的に分析した。分析の結果を要約すると以下のようになる。

第 1 に、TFP の弾力性に着目して各変数の稲作生産性に対する影響度を見ると、気温の影響度は、経営規模や研究開発による知識ストック量の影響度に匹敵する大きさとなった。しかし、気温自体の長期的な上昇率が社会経済要因の上昇率よりも小さいので、社会経済要因ほど大きなインパクトとならない。

とはいえ、将来の気温の上昇は、北海道のような北日本と熊本のような南日本では無視できない。2060年頃までの北海道では、温暖化によりプラスの影響が生じるが、それ以降は、いずれの地域でもマイナスとなり、特に西南日本のマイナス影響が顕著となる。この気候条件による影響の地域差がTFPそのものの時系列の成長において、北部よりも南西部で小さくなっている要因の一つとみなしうる。

このような温暖化のマイナス影響を克服するため、さらなる規模拡大（特に、北日本の地域を上回るような南西日本の地域における規模拡大）と地域の稲作に特化した研究開発が必要である。都道府県の研究開発投資については、2000年以降の行財政改革の影響を受けて減少傾向が続いている。将来の環太平洋貿易協定（TPP）のような貿易自由化の流れの中で、地域の稲作と水田の維持のため、稲作のような土地利用型農業へのより一層の政策的なテコ入れが必要である。

第２に、長雨や豪雨は、稲作の生産性を低下させ、その影響度は、平均気温の変化による収量と品質の低下による影響よりも小さいものの、弾力性（降雨変化率に対する生産性の変化率の比）は、長雨の場合で－0.046、洪水の場合で－0.005から－0.01の大きさであることが明らかとなった。

降雨の影響、特に長雨の影響は、主として費用側に影響することから、気候変動の影響を考える場合には、生産水準のみでなく費用水準の変化にも注目する必要がある。長雨の影響を軽減するため、農業機械の改良も考えられるが、暗渠排水による圃場そのものの高度化も有効である。その点で、農業農村整備を活用した気候変動対策も重要であると言えよう。

最後に、残された研究課題について触れておきたい。第１に、TFPに対する気候条件の影響をもとに、実際の経済状況を表す農産物価格や生産量に対する影響を予測する研究が必要である。この点は、次章で解明を試みる。第２に、本章で行った気候変動の影響予測をもとに、将来の気候変動に対する適応策、緩和策の経済効果を定量化する研究が求められる。この分析により、今後とるべき農業政策の効果を検討することができよう。第３に、ここでは稲作のみを対象に分析したが、他の農作物や畜産を対象にした分析も残された課題である。

補論 1

気候要因のうち、収量指標（*CHI*）を推定するための作物収量モデルは、河津ら（2009）のモデルをもとに、以下の関数を新しいデータを追加して推定する。

$$CHI_{r,t}/(SR7_{r,t}+SR8_{r,t}+SR9_{r,t})=\alpha_0+\alpha_1\cdot TM7_{r,t}+\alpha_3\cdot TM7_{r,t}^2 \\ +\alpha_4\cdot TM8_{r,t}+\alpha_5\cdot TM8_{r,t}^2+\alpha_6\cdot TM9_{r,t}+\alpha_7\cdot TM9_{r,t}^2+\varepsilon_{r,t} \qquad \text{(A1)}$$

ここに、*CHI* は収量指標で、推定のときには米の単収を用いた。*SR*7 と *SR*8 は米の開花・登熟期である 7、8 月の日射量であり、*TM*7、*TM*8、*TM*9 は、日平均気温の月平均値（数字は月の区別）である。α と ε は推定係数と誤差項を表わす。

表 5-A1 が TFP の影響関数と同じ期間・地域のパネルデータから上式を推定した結果である。固定効果モデルとランダム効果モデルを推定したが、ハウスマン検定の結果は、固定効果モデルを示唆する。推定結果では、気温の 2 乗項の係数である α_3、α_5、α_7 の推定値がマイナスになり、気温の単収に対する影響が閾値を境にプラスからマイナスになることを示唆する。閾値温度は、7 月の気温では 23.2℃、8 月の気温では 22.2℃、9 月の気温では 31.3℃ となっている。このような気温の収量に対する非線形の傾向は、米の生育プロセスを詳細にモデル化した Iizumi *et al.*（2009）や横沢ら（2009）の作物収量モデルでもみられる。

品質指標（*CQI*）は、河津ら（2007）の作物品質モデルをもとに、気温の非線形性を考慮して新たに推定した式から求めた。収量指標の場合と異なり、気候条件には、月ごとに平均した日射量と最低気温を用い、以下のような関数式とした。

$$CQI_{r,t}=\alpha_0+\alpha_1 SR7_{r,t}+\alpha_2 SR8_{r,t}+\alpha_3 ABS(Tmin78_{r,t}-\overline{Tmin})+\alpha_4 DT_{r,t}+\varepsilon_{r,t} \qquad \text{(A2)}$$

ここに、*SR*7 と *SR*8 は米の開花・登熟期である 7、8 月の日射量、*Tmin* 78 は 7、8 月の間の日最低気温の平均値、*DT* はダミー変数である。推定のときには、*CQI* に一等米比率（外観品質が高い米の出来高割合）をデータとして与えた。*DT* は、スポット的に一等米比率が 1 年だけ急激に低下し、次の年に回復しているような場合に、当該の低下年に 1、その他では 0 をとるように設定する（1178 中、28 のデータで 1、他は 0）。なお、気温に関して河津ら（2007）は、単純な線形関係（気温上昇と品質の低下が比例する関係）を仮定しているが、上式では、ある一

表 5-A1　作物収量モデルの推定結果

項目	固定効果モデル			ランダム効果モデル		
	推定係数	t 値		推定係数	t 値	
変数						
Constant	−385.888	−9.50	＊＊＊	−265.469	−7.00	＊＊＊
TM 7	16.519	7.59	＊＊＊	14.616	6.79	＊＊＊
$TM\ 7^2$	−0.356	−7.61	＊＊＊	−0.327	−7.05	＊＊＊
TM 8	18.223	5.86	＊＊＊	15.654	5.06	＊＊＊
$TM\ 8^2$	−0.410	−6.41	＊＊＊	−0.357	−5.62	＊＊＊
TM 9	7.265	2.84	＊＊＊	2.386	0.98	
$TM\ 9^2$	−0.116	−1.93	＊	−0.022	−0.37	
自由度調整済 R^2		0.694			0.133	
対数尤度		4172			4056	
AIC（赤池情報量基準）		−7.009			−6.874	
固定効果検定統計量（F 値）		39.02（p=0.00）				
ハウスマン検定統計量（X^2）		212.54（p=0.00）				

定の温度を境に気温の影響度がプラスからマイナスに変化する非線形式（*Tmin* 78 に絶対値をとった式）を採用した。推定結果は表 A 2 の通りである。いずれの関数形でも日射量が増加するほど外観品質が向上する結果となっている。温度に関しては、閾値までの温度上昇は品質向上に寄与するが、それを超える温度上昇は品質低下につながる傾向が計測されている。閾値の温度（$\overline{Tmin}$）は、関数の決定係数が最も高くなる温度を選択した結果、19.34℃ となった。

表 5-A2 作物品質モデルの推定結果

項目	固定効果モデル			ランダム効果モデル		
	推定係数	t 値		推定係数	t 値	
変数						
定数項	54.799	12.42	***	56.377	12.39	***
SR 7	0.647	2.93	***	0.604	2.75	***
SR 8	0.940	3.83	***	0.916	3.77	***
ABS（T_{min}78−19.34）	−6.703	−10.53	***	−6.914	−11.44	***
DT	−39.063	−13.89	***	−39.460	−14.05	***
自由度調整済 R^2	0.48			0.22		
対数尤度	−4794			−4821		
AIC（赤池情報量基準）	8.21			8.19		
固定効果検定統計量（F 値）		14.29（p=0.00）				
ハウスマン検定統計量（X^2）		16.46（p=0.00）				

洪水指標（*CFI*）は、Masumoto *et al.*(2009）及び吉田ら（2012）の水文モデル（分布型水循環モデル）を適用して、日本全国の洪水流量を推定した工藤ら(2013）の結果を用いた。水文モデルは、地形メッシュごとの流出量（*Qout*）を出力するので、これを水田が存在するメッシュについて都道府県ごとに合計し、水田メッシュの合計面積で除して単位面積当たりの流出量を計算した。すなわち、

$$Qout_{s,day} = f(Ea_{s,day}, RAIN_{s,day}, Qin_{s,day}, \mathbf{GEO}_s) \qquad \text{(A3)}$$

$$CFI_{r,t} = \max_t \left(\sum_{s \in r} Qout_{s,t,day} \right) \Big/ AREA_r \qquad \text{(A4)}$$

である。*s* は地域メッシュの区別を表す添え字、*Ea* は蒸発散量、*RAIN* は各年の 8~9 月の日雨量、*Qin* は上流からの流入量、**GEO** は地形状況（土地利用、傾斜、河川状況、地質等）を表す地形の属性変数の集合である。

引用文献

Fare, R., Grosskoph, S., and Lovell, C. A. K. (eds) (1994) *Production Frontiers*, Cambridge University Press.

河津俊作・本間香貴・堀江武・白岩立彦 (2007)「近年の日本における稲作気象の変化とその水稲収量・外観品質への影響」『日本作物学会記事』**76**(3), 423-432.

K-1 Model Developers (2004) K-1 coupled model (MIROC) description. Hasumi, H. and Emori, S. (eds) *K-1 Technical Report 1*, Center For Climate System Research, University of Tokyo, Kashiwa, Japan, 1-34.

工藤亮二・増本隆夫・堀川直紀・吉田武郎・皆川裕樹 (2013)「全国水田水利システムの構築と気候変動に対するマクロ的影響評価事例」『2013年農業農村工学会大会講演会概要集』, 56-57.

内閣府 (2010) 季刊国民経済計算, **144**, 61-69.

Iizumi, T., Yokozawa, M., and Nishimori, M. (2009) Parameter estimation and uncertainty analysis of a large-scale crop model for paddy rice: Application of a Bayesian approach. *Agricultural and Forest Meteorology*, **149**, 333-348.

Masumoto, T., Taniguchi, T., Horikawa, N., and Yoshida, T. (2009) Development of a distributed water circulation model for assessing human interaction in agricultural water use. Taniguchi *et al.* (eds) *From Headwaters to the Ocean*, Taylor & Francis Group, London.

Polsky, C. (2003) Putting Space and Time in Ricardian Climate Change Impact Studies: Agriculture in the U.S. Great Plains, 1969-1992. *Annals of the Association of American Geographers*, **94**(3), 549-564.

Salim, R.A. and Islam, N. (2010) Exploring the impact of R & D and climate change on agricultural productivity growth,the case of Western Australia. *Australian Journal of Agricultural and Resource Economics*, **54**(4), 561-582.

Watanabe, T. and Kume, T. (2009) A general adaptation strategy for climate change impacts on paddy cultivation: special reference to the Japanese context. *Paddy and Water Environment*, **7** (4), 313-320.

横沢正幸・飯泉仁之直・岡田将誌 (2009)「気候変化がわが国におけるコメ収量変動に及ぼす影響の広域評価」『地球環境』**14**(2), 199-206.

吉田武郎・増本隆夫・堀川直紀・工藤亮二 (2012)「暖地積雪流域における積雪・融雪モ

デルの構築と分布型水循環モデルへの統合」『農業農村工学会論文集』**277**, 21-29.

Tanaka, K., Managi, S., Kondo. K., Masuda, K., and Yamamoto, Y., (2011) Potential Climate Effect on Japanese Rice Productivity. *Climate Change Economics*, **2**(3), 237-255.

第６章　気候変動と稲作所得、地域経済
ー動学地域応用一般均衡モデルによるシミュレーションー

國光　洋二

前章では、気候変動による平均気温の上昇が、収量、品質、排水条件の変化を通じて日本の稲作の生産性を変化させることを示した。本章では、稲作生産性の変化が市場を通じて価格や消費量に及ぶ影響を分析する。分析に用いたのは、動学地域応用一般均衡モデルである。このモデルは、生産者、消費者、政府からなる主体を対象に、財・サービス市場や生産要素市場の需給均衡を通じた、価格や需給量の変化が分析できる。日本に関する動学地域応用一般均衡モデルを用いて、将来の気候変動による稲作部門へのインパクトが地域経済や日本経済に及ぶ影響をシミュレーションにより分析し、将来の気候変動が農業、農家所得、消費者の効用及び国内総生産に及ぶ影響を明らかにする。

1．研究の背景と目的

将来の気候変動の影響と対応策の効果を分析したスターン報告（Stern 2007）では、熱帯地域の農業生産は、将来の気候変動により減少することが指摘されている。しかし、中・高緯度に位置する国の農業では、穏やかな温暖化であれば利益を得る可能性が高いと言われている。日本は、中緯度地域に位置し、稲作をはじめとした農業生産にはプラスの影響が及ぶことも想定される。しかし、市場における価格の変化を考えれば、生産の増加が必ずしも利益につながるとは限らない。さらに、農業部門における変化は、消費パターンの変化や生産要素（土地、労働、資本）市場の変化を通じて他産業に影響し、国全体に波及する。したがって、農業のみでなく、他産業、他財を含めて分析し、地域経済や日本経済全体に

対する影響を評価することが重要であると考えられる。

横沢ら（2009）は、作物モデルを用いて、将来の気候変動が米生産に及ぼす影響を予測している。それによれば、将来の気温上昇は、北東日本において米の増産をもたらし、南西日本でも 2050 年までの 1~2℃ 程度の気温上昇の範囲内であれば、増産につながるという結果が示されている。しかし、作物モデルでは、価格や地域経済への影響は予測できない。政策分析のためには、これら変数の動向を見極めることが重要である。

一方、農業経済分野では、農産物の供給や需要の構造を分析する研究が行われてきた。農産物価格についても、農産物のみを対象とした供給面の分析や消費面の分析、換言すれば、農産物市場の部分均衡分析が多数見られる。一般に、部分均衡分析は、対象とする財以外の財・サービス価格を通じたフィードバックが無視されるので、影響が過大に評価される傾向がある。したがって、気候変動のような長期の影響を考えるためには、農業を含めた日本全体の市場への波及効果を考慮する必要がある。その点で、応用一般均衡分析の適用が有益であると考えられる。

そこで本章では、日本の動学地域応用一般均衡モデルを用いて、将来の気候変動による稲作生産（収量・品質）の変化が地域経済や日本経済に及ぶ影響を定量的に分析する。その結果を踏まえて、気候変動に対する政策的な含意を明らかにする。

分析の特徴は、①日本の 8 地域を対象に、資本の蓄積過程を内生化した逐次動学体系の動学地域応用一般均衡モデルを作成し、地域ごとの影響を分析すること、②気候変動と稲作生産の関係を分析に取り入れるため、稲作の全要素生産性（生産量の変化と生産コストの変化を両方考慮した総合的な生産性変化指標）への影響要因に関する計量経済分析の結果を用い、作物収量モデルと作物品質モデルを介した気候変動の影響を考慮すること、③作成したモデルに全球気候モデル（GCM）の将来気候予測結果を代入し、日本の米生産、米価、農業所得、消費者の効用水準、さらには地域総生産額（GRP）を予測すること、である。

なお、本章で用いる作物収量モデルは、前章のものと類似するが、作物の生育プロセスをより詳細にモデル化した Iizumi *et al.*（2007）のモデルを用い、稲作の生産性（全要素生産性、TFP）と気候条件の関係は、9地域のパネルデータで分析した Kunimitsu *et al.*(2014) の結果を用いる。

2.　分析方法

(1)　動学地域応用一般均衡モデルの構造

応用一般均衡モデルは、経済全体の財について均衡価格と均衡数量の変化を同時に分析できる特徴がある。Palatnik and Roson（2011）は、このような応用一般均衡モデルの特性が、気候変動のようなグローバルな影響を分析する研究に適していると指摘している。日本全体や世界を対象とした応用一般均衡モデルによる分析は、アジア太平洋統合評価モデル（AIM）プロジェクト（国立環境研究所）等で取り組まれているが、気候変動の地域経済に対する影響に関する応用一般均衡分析は、筆者の知る限りほとんど前例がない。

一般的な応用一般均衡モデルでは、**図6-1**のように生産者、消費者、政府からなる経済主体を想定する。各経済主体の合理的な行動を前提に、財・サービス市場と生産要素市場について、需要曲線と供給曲線をミクロ経済理論にもとづいて定式化する。これらの方程式からなる非線形の連立方程式体系でモデルを構築する。このモデルに対し、外生条件（例えば、税率や効率性パラメータの値）を変化させると、それに応じて、全ての市場の需要・供給関数が釣り合った状況での各財・サービスや生産要素の価格及び需給量を求めることができる。各関数のパラメータを実際の経済データから導出することにより、現実に合わせた経済状況をシミュレートすることができ、政策変更の影響予測のような政策分析に適用可能となる。

前節で、部分均衡モデルとの大きな違いは、経済システムに内在するフィードバックの影響が考慮できる点であると言ったが、この点について少し補足する。例えば、農業の生産性向上は、農産物の供給曲線をシフトさせ、農業生産者の利潤の増加を通じて農業で働く人の労働所得を向上させる。所得の向上は同時に需要関数のシフトを誘発する。また、農産物市場のみでなく、他の市場の供給曲線、需要曲線にも影響が及ぶ。最終的には全ての市場の供給関数と需要関数が交差する点で、価格と需給量が落ち着くまで調整が続く。部分均衡分析では、農産物市場の供給曲線のシフトまでは想定しても、需要関数や他の財・サービス市場の内生的な変化（モデルの中で付随的に導かれる変化）までは考慮しない。したがって、応用一般均衡モデルの方が、モデルの構造は複雑となるが、より総合的な評価が可能である。

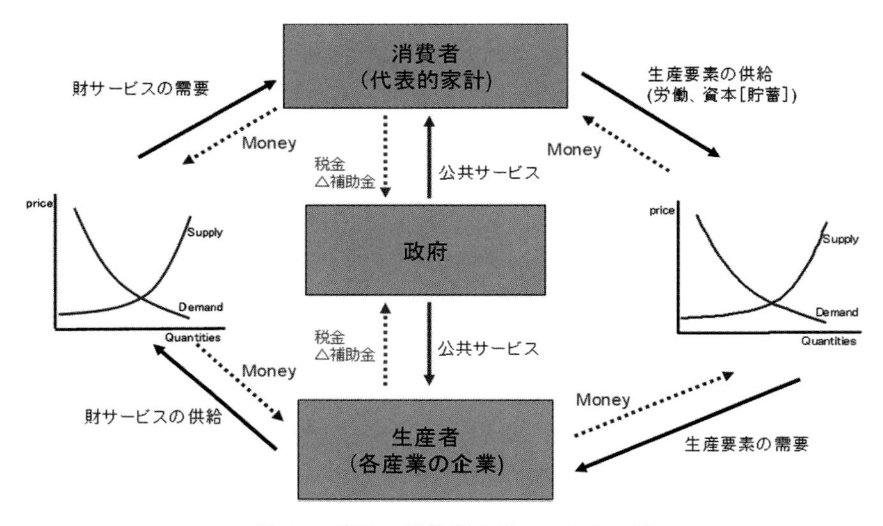

図 6-1　応用一般均衡モデルのイメージ

本章の分析に用いるモデルは、8 地域からなる逐次動学型の応用一般均衡モデルである。逐次動学型というのは、各経済主体が当該年度以前の情報をもとに、合理的な意志決定により生産、消費を行うが（これをバックワード・ルッキングの仮定という）、資本の蓄積を通じて、経済が内生的に成長する構造（これを動学化という）をモデルに組み込んでいることを指す。逐次動学型の応用一般均衡モデルを使えば、経済がどのような経路で成長していくのかが年を追ってシミュレートできることから、気候変動のような長期間続く経済ショックの影響を分析するのに適していると考えられる。

(2)　気象条件と生産構造の連携

モデルの関数式は、伴（2007）及び Rutherford（1999）をもとに、コンピュータで解析できるようコーディングした。基本となるモデル式に加え、農業の特性を表すため、農地投入を考慮した。また、気候変動を受けて変化する稲作の全要素生産性（TFP）が、生産構造（供給関数）に影響するように改良した（**図 6-2**）。具体的には、t 年の r 地域における全要素生産性 $TFP_{r,t}$ が、気候変動に呼応して変動すると仮定し、第5章で紹介したのと類似の関数（Kunimitsu *et al*. 2014）を用いて、気温、日射量、CO_2 濃度等の変化が稲作 TFP を変動させ、その影響が稲作部門の費用関数に影響する形になっている。用いた関数を再掲すると、以下のようである。

$$TFP_{r,t} = \beta_0 \cdot MA_{r,t}^{\beta_1} \cdot KK_t^{\beta_2} \cdot CHI_{r,t}^{\beta_3} \cdot CQI_{r,t}^{DR_r \cdot \beta_4} \cdot CFI_{r,t}^{\beta_5} \qquad (1)$$

ここで、β は推定係数で、弾力性を表す。推定結果から β_0=-2.7014、β_1=0.3285、β_2=0.0590、β_3=0.1824、β_4=0.0863、β_5=-0.0277 である。なお、*MA* は稲作農家の平均経営規模で表される規模の経済の発現状況、*KK* は研究開発投資が蓄積した知識ストックで表象される技術進歩要因、*CHI* は米の収量指数、*CQI* は外観品質指数（各地域の一等米比率）、*CFI* は 8、9 月の最大日雨量で表される洪水指数である。*CHI* と *CQI* は作物収量モデル（Iizumi *et al*. 2009）と作物品質モデル（河津ら 2007 及び Kunimitsu *et al*. 2014）を通じて気候条件（日射量、気温、CO_2

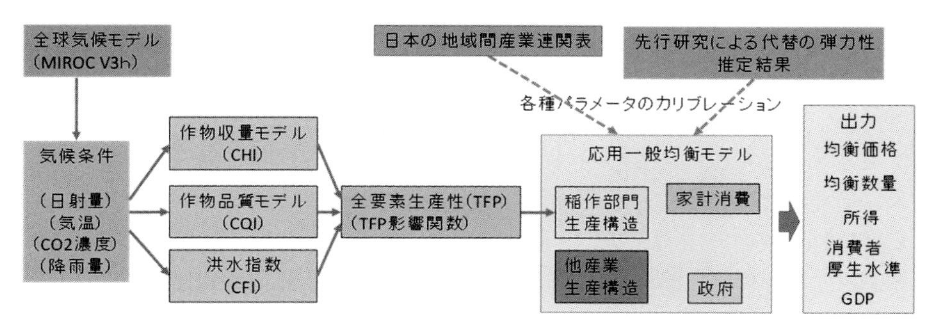

図 6-2　気候条件と応用一般均衡モデルの連携

濃度）に対応して変化する。また、*CFI* は各年の降雨量の変化を反映する。応用一般均衡モデルでは、初期時点（t_0）の TFP に対する各年の TFP の比（$tfp_{r,t}=TFP_{r,t}/TFP_{r,t0}$）が、稲作の供給関数に影響する構造とした。

(3) データ

モデルのパラメータを日本の経済に合わせて設定するため、日本の 2005 年の地域間産業連関表を用いた。この表では、農林水産部門が一括して計上されているので、米の需給を詳細に分析するために稲作部門を分離し、新しい部門として設定した。具体的には、地域別の産業連関表基本分類表（404×350 の部門）をもとに、各地域の稲作、他の農業、林・水産業の総生産額を求め、各地域におけるこれら部門の総生産額に対するシェアを使って、もとの地域間産業連関表を分割した。その後、シミュレーションを容易にするため、14 部門（稲作、他の農業、林・水産業、鉱業・燃料、食品加工、化学製品、機械、電気機器、その他製造業、建設、電気・ガス、水道、商業、金融サービス、その他サービス）と 8 地域（北海道、東北、関東、東海、近畿、中国、四国、沖縄・九州）に再統合した。

産業連関表では、兼業農家の労働投入や生産投入要素のうち農地の地代が計上されていない。そこで、生産費調査の結果を用いて労働、資本（減価償却費）及び土地（地代×作付面積）の投入シェアをもとめ、このシェアでもとの稲作部門の付加価値生産額を投入要素別に分割した。他の農林水産部門については、「農業・食品関連産業の経済計算」の付加価値生産額の内訳を参考に、稲作と同様に各生産要素毎の投入額を再計算した。

(4) シミュレーションの方法

シミュレーション分析では、以下のケースを設定して気候変動の影響を予測した。

CASE 0：このケースは、シミュレーションのベースラインとして、現状の状態が継続すると仮定して（Business as Usual, BAU）予測した将来状況を表す。外生変数である労働供給量と農地供給量は、現実には減少しているが、長期予測を行うため、現状の水準で変わらないとする。また、各産業の TFP は初期水準と同じとし、全期間 $tfp_{r,t}=TFP_{r,t}/TFP_{r,t0}=1$ とする。

CASE 1：このケースは、将来の気候変動が稲作生産のみに影響を及ぼす状況を表す。気候要因の変化のみを(1)式に代入して稲作部門の TFP を求め、応用一般均衡モデルに入力する。その場合、2010 年までの気候条件は 2005 年の水準と変わらない（$tfp_{r,t}=1$）とし、それ以降は MIROC（Ver 3 h）の A 1 B シナリオによる気候変数の将来予測を用いて TFP を外挿し、各年の $tfp_{r,t}$ を求めた。他の外生変数値の設定は、CASE 0 と同じに設定した。

なお、ここで用いた A 1 B シナリオは、IPCC の第 3 次報告で採用された比較的中庸な経済・人口成長のもとでの温室効果ガス排出状況を仮定して、全球気候モデル（地球全体の大気、海洋の変化を複数の数式で表わしたもの）により 2100 年時点の世界平均気温の上昇が1.7〜4.4℃になると予測したシナリオである。分析で用いた MIROC は、日本で開発された全球気候モデルの一つで、大気と海洋を結合した長期予測用モデルである。

3.　分析の結果

(1)　米の生産量と価格の変化

図 6-3 は、将来の気候変動による米生産額（実質値）の動向を表す。点線は、CASE 0 の気候変動を考慮しない場合で、実線が CASE 1 の結果である。CASE 0 では、TFP の上昇を考慮していないが、資本ストックが増加するので、将来的に米生産水準が上昇する。ただし、米生産の増加は、製造業等の他産業における増加に比べるとかなり低くなっている。

CASE 0 と CASE 1 の結果と比べると、将来の気候変動により北東日本（北海道、東北、新潟を含む関東）において米生産額が増加する（CASE 0 より CASE 1 が大きい）のに対し、南西日本では米生産額が低下している。また、北海道、東北及び関東（新潟を含む）の米生産額の増加（CASE 1/CASE 0）は、他の地域より高い。これら地域は、日本の中でも一大米産地であることから、日本全体に対するインパクトも大きい。

CASE 1 のグラフが上下に変動していることから分かるとおり、各年の米生産

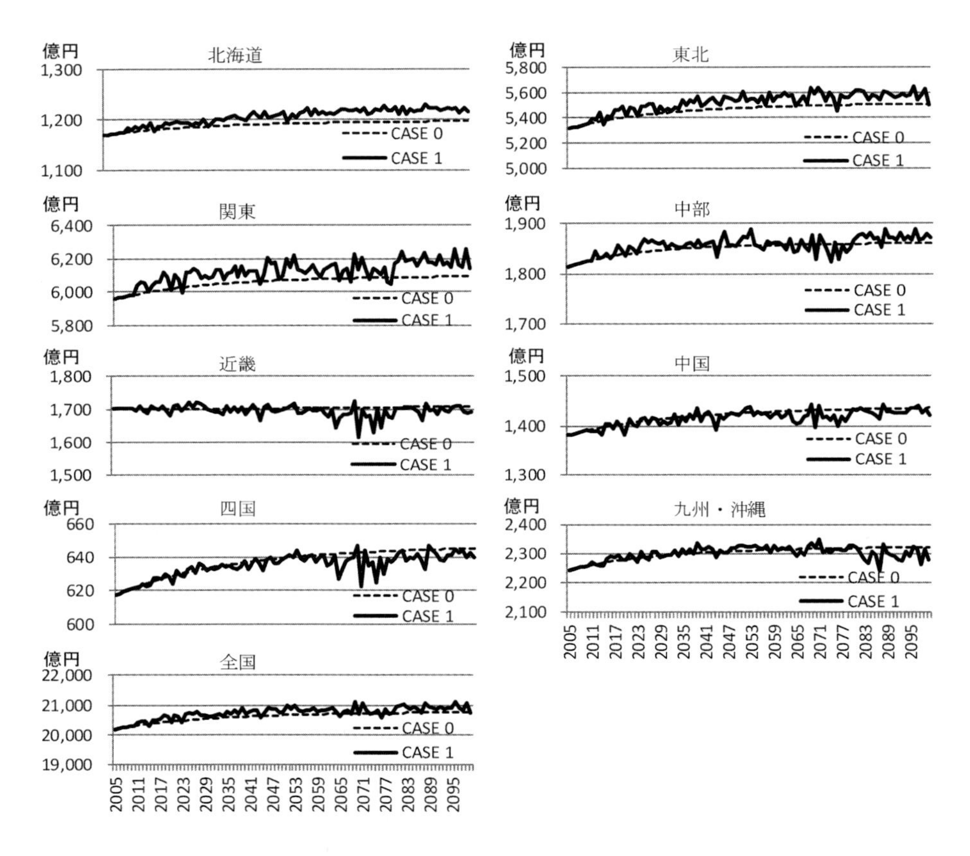

図 6-3　コメ生産額（実質値）の変化

額は、気候変動の影響を受けて毎年変動する。年によっては、米生産の増加率が高い北海道、東北、関東地域においてさえ、CASE 0 を下回る CASE 1 の生産額が生じている。したがって、気温のトレンドは右肩上がりではあるが、温暖化の状況の下でも冷害による生産低下の年が生じる。さらに、北海道以外の地域のほうが、CASE 1 の年変動が大きく、変動幅は 2050 年以降に拡大している。これは、北海道では温度が作物モデルの閾値を上回る年が少ないのに対し、他の地域では閾値温度を上回る高温となって、収量と品質がともに低下し、TFP の減少が

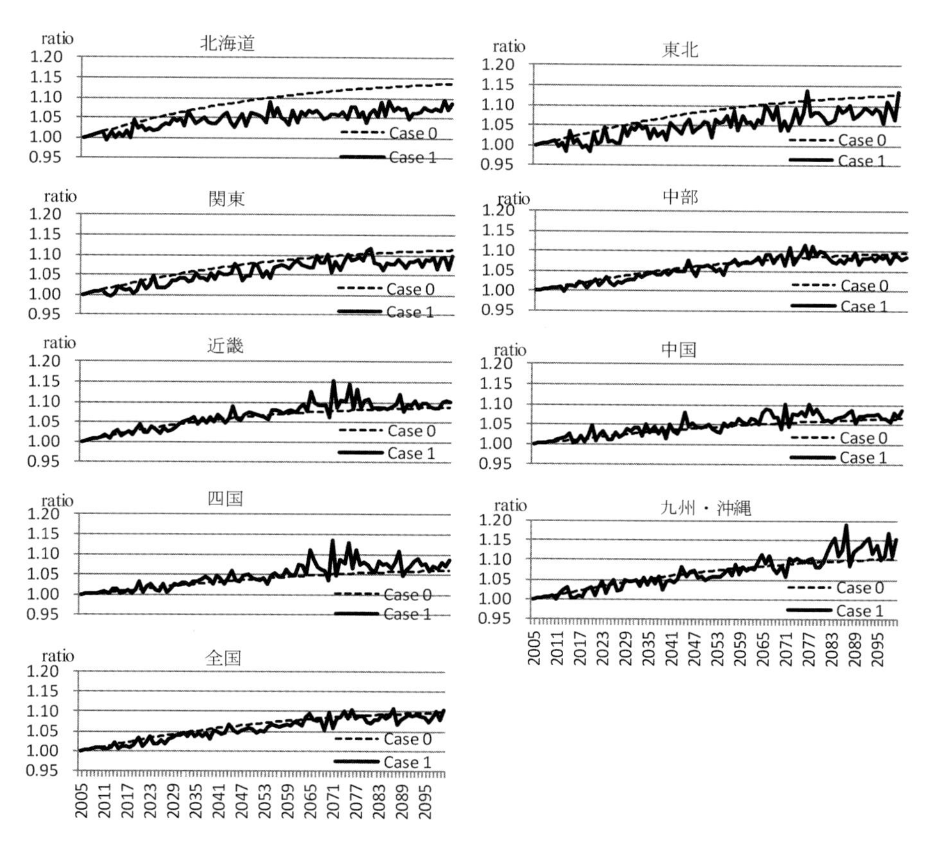

図 6-4　コメ価格の変化

加速しているためである。

図 6-4 は、気候変動の米価に対する影響を示す。生産額の変化とは逆に、米価は、北東日本で低下し、南西日本で上昇する。モデルでは、人口が変わらないと仮定しているので、人口要因による食料需要の増加はない。加えて、海外市場と国内市場の価格差が大きいため、農産物輸出はほとんど変化しない。その結果、国内生産量の増加が需給ギャップの拡大圧力となり、需給均衡を達成するために価格の低下が生じるのである。

このときに、各地域の販売銘柄は、他の地域とは異なる（製品の差別化）と考えているので、価格上昇が生じても自地域産の米から他地域産の米に切り替わる効果は限定的にしか発現しない。このことが、米価に地域差が生じた理由である。もちろん、消費者が産地銘柄に対するこだわりをなくせば、北東日本産の米に押されて南西日本産の米に対する消費が減少し、価格変化の地域差はなくなるはずである。しかし、現状でも価格差のみで米の消費が決まっているわけではなく、市場では価格の高い産地の米と低い産地のそれが併存して販売されている。この状況をみれば、上記のようなシミュレーション結果は、現実的であるとみなしうる。

さらに、気候変動による米の生産性上昇は、北東日本で地代と賃金の低下をもたらす。この変化は、他の農産物や他産業の生産性の上昇につながる。南西日本では、逆の影響が他の農産物や他産業の生産物に生じる。農地は地域間で移動せず、労働との代替性も弱いので、地代の変化は労賃の変化よりも大きい。

一方、資本については、資本生産性が低下する地域・部門から、他地域・他部門に移動するので、資本生産性を反映した資本価格には地域差が生じにくくなっている。結局、米の生産額及び価格の変化は、かなりの部分が地代の変化に集約される。

(2)　農業所得、地域総生産及び消費者効用の変化

図 6-5 は、気候変動が及ぼす農業部門の名目所得を表す。北東日本では、生産額の増加以上に米価の低下が大きいため、農業部門の所得が減少する。稲作以外の農業部門における所得も、地代や労賃の低下を通じて減少する。生産量が増えても所得が減少する、いわゆる豊作貧乏が生じることとなる。逆に、南西日本では農業所得が増加するが、もともとの米の生産額があまり大きくないので、所得増加の程度は小さい。

日本全体では、北日本の米生産量の占めるシェアが大きいので、北東日本の影響が強く表れて、農業所得の減少となる。

2005~2050 年と 2051~2100 年の変化を比べると、前半の期間の方が所得の変化が大きいことがわかる。これは、温暖化による気温上昇がそれ程高くない時期に

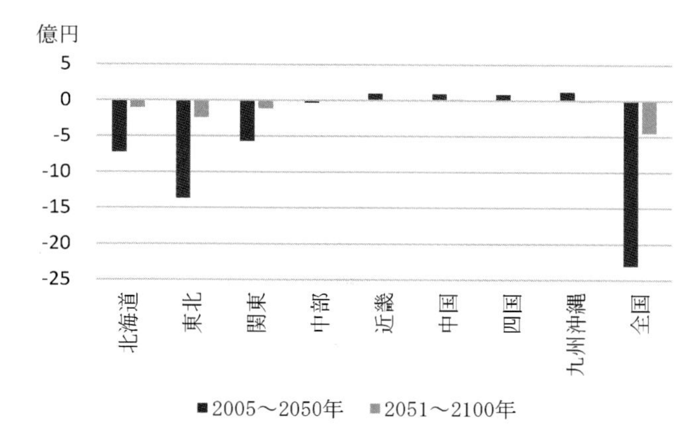

図 6-5　農業部門の名目所得の変化（CASE 1–CASE 0）

は、収量が増加して日本全体で供給過剰となり、米価の低下につながるものの、後半では、気温上昇がさらに高くなって収量減少する地域が増え、供給過剰が緩和されて米価の低下が抑制されるためである。

図 6-6 は、地域総生産（GRP）の影響を示す。農業所得と異なり、GRP　は関東と中部で増加する。これには、両地域に製造業やサービス業が集中していることが影響している。つまり、気候変動により農業部門で余剰となった投資や資本そのものが、関東と中部の製造業やサービス業に移動し、これら地域における他産業の生産の増加させる効果が生じているのである。

一方、中国と四国は、気候変動が稲作生産性を低下させ、投資の移動による他産業生産の増加効果が小さい。さらに、もともと製造業の全国シェアも小さいことから、農業以外の産業における生産額の上昇がわずかで、結果としてGRPが減少している。また、東北では、稲作単作農家が多いので、稲作生産の低下が地域の総生産に与える影響が大きいため、GRPの低下も大きくなっている。

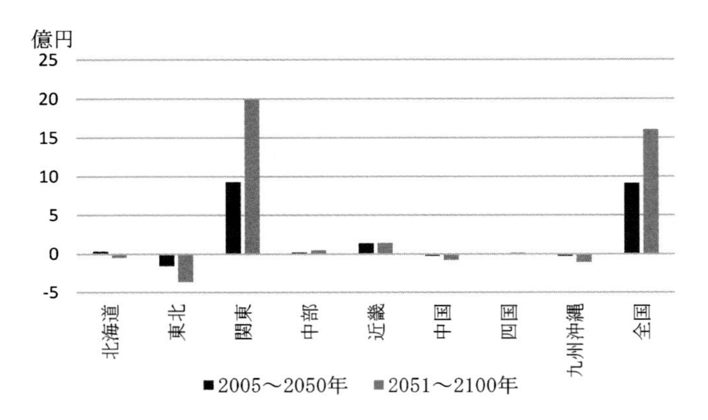

図 6-6　地域内総生産（GRP）の変化（CASE 1–CASE 0）

図 6-7 は、地域全体の等価変分に着目して、気候変動による消費者の効用水準の変化を計測したものである。等価変分は、消費関数のもとになる消費者の効用水準を金額で表した指標である。この図から、GRP においてマイナスになる地域でも、等価変分でみると影響がプラスになる地域が増えている（特に、南西日本）。したがって、気候変動は農産物の価格低下を通じて、消費者にとってはプラスの効果をもたらす。ただし、農産物価格低下による農業所得のマイナス効果

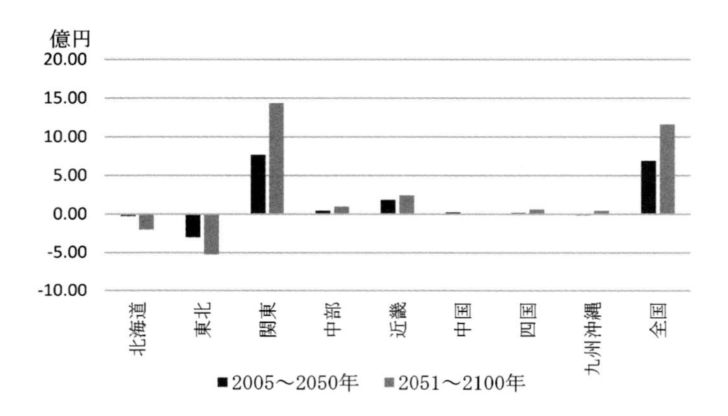

図 6-7　等価変分（消費者の厚生水準）の変化（CASE 1–CASE 0）

が大きい北海道、東北では、等価変分でみても変化がマイナスになっている。

4. まとめ

本稿では、動学地域応用一般均衡モデルを用いて気候変動による稲作の生産性ショックが地域経済や日本経済に及ぶ影響を分析した。シミュレーション分析の結果は以下のようにまとめることができる。

第1に、米生産額は、将来の気候変動により北東日本で増加、南西日本で減少、全国的には増加する。米価は、これとは逆に、北東日本で低下、南西日本で上昇、全国的には低下する。価格の低下幅は生産増加分を上回り、北東日本及び全国平均で農業所得が減少する。一般に、将来の気候変動は、日本のような中緯度地域の農業にプラスに働くと言われているが、市場を介することにより、気候変動による生産増加が必ずしも農業者のメリットにつながらないケースが生じることが示された。いわゆる豊作貧乏の状況である。

第2に、気候変動による影響の発現状況は、地域により異なる。米価低下の地域差を緩和するため、米流通の自由度を高め、気候変動により生産性が向上する地域で産出される米の消費を増やすことが有効である。この点から、流通・消費面の政策変更が必要であろう。

ただし、このような米産地のシフトは、地域の土地利用を大きく変化させる可能性がある。生態系や景観に悪影響が出ないよう、稲作から畑作への移行や急激な変化を避ける方策を合わせて具体化する必要がある。そのためにも、どの地域で気候変動の影響が顕著に表れるのかを予測する研究が重要であると考えられる。

第3に、米価の低下により消費者の効用水準が高まるとともに、農業以外の産業の投資が増加し、GDPのプラスの効果が発現する。特に、関東と中部のような2次・3次産業が発達した都市的地域における効果が大きい。見方を変えれば、気候変動が都市部と地方部の経済格差の拡大につながる可能性がある。そうならないよう、第2次・3次産業を含めた地方部の経済活性化が重要である。

このように、経済モデルのシミュレーションは、全体の経済の動きに隠されて、現実の経済データの変化でとらえきれない気候変動の影響を抽出して分析することができる。したがって、本稿で用いたような経済モデルの活用は、政策立案における有効なツールと言える。

残された課題としては、最新の経済状況を反映するため、今後公表される新しい産業連関表データを利用してモデルを改良すること、より詳細な分析のため、県別の地域モデルを開発すること、さらには、稲作以外の農業部門での気候変動の影響を分析すること、世界全体を視野に入れた分析を行うことが挙げられる。

補論

応用一般均衡モデルの生産部門は、**図 6-A1** のようなネスト構造とし、生産者が生産技術の制約のもとで費用を最小化すると仮定した主体均衡条件から関数式を導出した。図中、s は代替の弾力性を表す。s の具体的な値は、生産、消費及び政府部門の投資・消費全般について、伴（2007）の値に準拠した。ただし、新たに考慮した農地については、資本と労働の合成投入財との弾力性をレオンティエフ型の関数の代替弾力性（＝0）に近い 0.1 とし、農地が農業生産において準固定された入力要因となる状況を想定した。資本と労働の s は、伴（2007）よりやや低い 0.8 とした。

図 6-A2 は、代表的家計の消費構造を表す。消費者が所得制約の下で複数の地域で生産される様々な財・サービスの消費を通じた効用水準を最大化すると仮定し、消費関数を求めた。なお、毎年の所得のうち一定割合（平均消費性向）は、貯蓄に回され、これが投資に回る構造となっている。

図 6-A3 は、政府の支出を表す。政府部門では、税収と赤字国債の発行による収入を固定割合で政府消費と政府投資（公共事業）に割り振ると仮定した。これは、予算の使途を大きく変更することが困難な状況を想定したものである。また、公共事業を増加させたり、補助金を増加させれば、国全体の消費・投資バランスのもとで、政府部門の変更に相当する分の民間投資が減少する、いわゆるクラウディングアウトが生じる構造となっている。

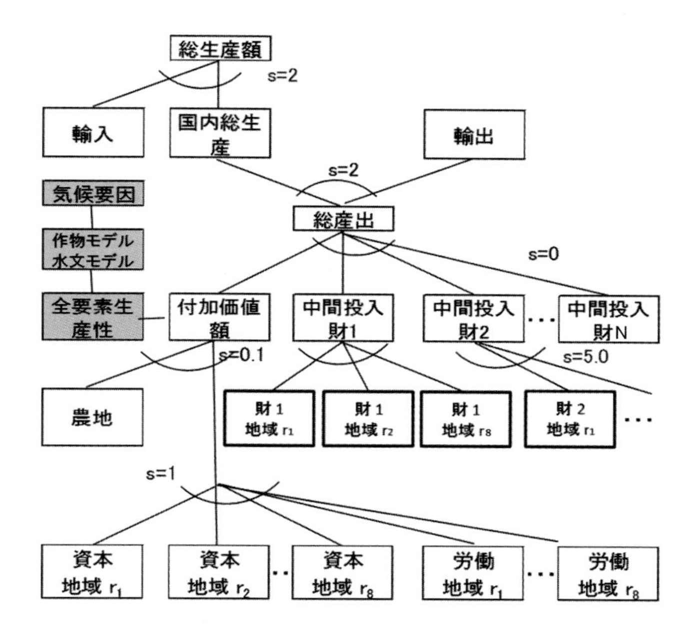

図 6-A1　応用一般均衡モデルの生産部門の構造

（註）r は地域区分（8 地域）であり、s は代替の弾力性を表す．

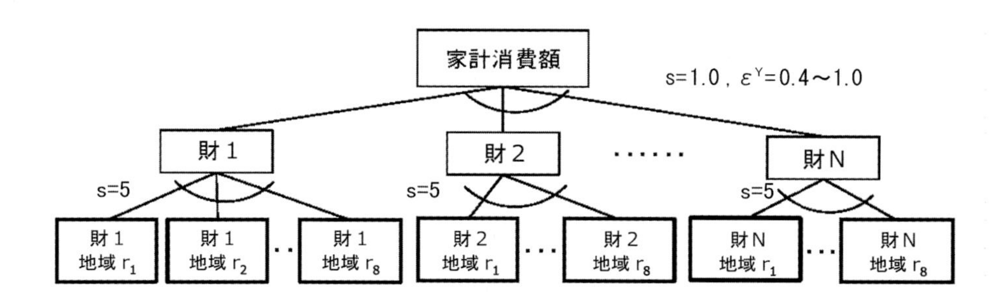

図 6-A2　応用一般均衡モデルの消費部門の構造

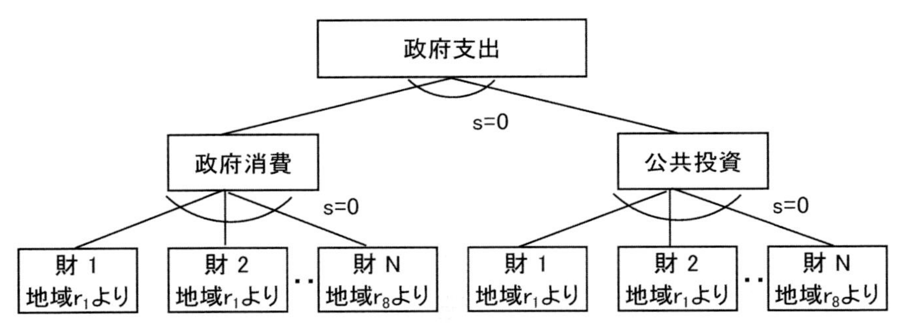

図 6-A3　応用一般均衡モデルの政府部門の構造

モデルを逐次動学体系とするため、資本の蓄積関数を以下のように仮定した。

$$KP_{i,t} = (1-\delta_i)KP_{i,t-1} + IP_{i,t} \tag{A 1}$$

ここで、*KP* は民間資本ストック額、δ は資本の除却率、*IP* は民間投資額である。なお、部門別（添え字 *i*）の投資額は、貯蓄・投資バランスから決まる民間投資総額が、資本の生産性（すなわち、資本の収益率）の高い部門に優先的に配分されると仮定し、以下の投資関数を想定した。

$$IP_{i,t} = IP_{i,t-1}\left(\frac{PK_{i,t-1}\cdot ROR_{i,t-1}}{\overline{PK}_{t-1}\cdot \overline{ROR}_{t-1}}\right)^{0.5}\frac{IPT_t}{IPT_{t-1}} \tag{A 2}$$

引用文献

伴金美（2007）「日本経済の多地域動学的応用一般均衡モデルの開発:Forward Looking の視点に基づく地域経済分析」 *RIETI Discussion Paper Series*, **07**-J-043.

Iizumi, T., Yokozawa, M., and Nishimori, M. (2009) Parameter estimation and uncertainty analysis of a large-scale crop model for paddy rice: Application of a Bayesian approach. *Agricultural and Forest Meteorology*, **149**, 333-348.

Kunimitsu, Y., Iizumi, T., and Yokozawa, M. (2014) Is long-term climate change beneficial or harmful for rice total factor productivity in Japan: Evidence from a panel data analysis. *Paddy and Water Environment*, 12(Supp. 2), DOI 10.1007/s 10333-013-0368-0. 213-225.

Palatnik, R.R. and Roson, R. (2012) Climate change and agriculture in computable general equilibrium models: alternative modeling strategies and data needs. *Climate Change*, **112**, 1085-1100.

Rutherford, T. (1999) Applied General Equilibrium Modeling with MPSGE as a GAMS Subsystem: An Overview of the Modeling Framework and Syntax. *Computational Economics*, **14**, 1-46.

Stern, N. (2007) *The Economics of Climate Change: The Stern Review*. Cambridge University Press, UK, 692.

横沢正幸・飯泉仁之直・岡田将誌（2009）「気候変化がわが国における米収量変動に及ぼす影響の広域評価」『地球環境』 **14**, 199-205.

第7章　気候変動が世界の長期の作物生産に与える影響
－収量関数への作物モデルの導入－

古家　淳

1. はじめに

2007年から2008年にかけて経験したように、穀物の生産量の減少が広範囲にわたった場合に食料価格が高騰する。その主たる原因は、オーストラリアでの連続した干ばつやミャンマーのサイクロン被災であり、気候変動が作物生産に与える影響の分析は、食料安全保障に関わる対策立案のために極めて重要である。このような価格高騰は、Sen（1981）が指摘したように、食料を確保するための権利（entitlement）を危うくする。

農産物市場に対する気候変動の影響を評価するために、作物モデルを組み込んだ農産物の需給モデルが用いられてきた。Parry *et al*.（1999）は、気温、降水量、二酸化炭素濃度などを説明変数とし、CERES-Wheatなどの作物モデルで計算した潜在収量（面積あたり生産量）を被説明変数とする収量関数を推定し、その結果をIIASA（国際応用システム分析研究所）の需給モデルである、BLS（Basic Linked System）に挿入して気候変動の影響を分析した。

Furuya and Koyama（2005）は、気候変数を説明変数とする収量関数を含む世界食料モデルを開発し、気候変動が食料市場に及ぼす影響を分析した。さらにFuruya and Kobayashi（2009）は、このモデルを気候変数の変動を考慮した確率的世界食料モデルに発展させた。これらのモデルの収量関数は、説明変数が、タイムトレンド、気温、降水量である線形関数に特定化されていた。この線形の収量関数は、計測が容易であるものの、一般に観察される気温と収量の間の逆U字型の関係を考慮していない点が問題であった。しかしながら、この非線形の関係を再現する二次関数に特定化した収量関数の計測は、データ数の不足のため困難であった。

気候変動が作物の生産と農産物市場に及ぼす影響を正確に分析するためには、長期の予測を可能とする気温と収量の間の逆U字型の関係を考慮した、パラメータ可変の収量関数が不可欠である。さらに、この収量関数は、技術進歩の逓減に従う必要もある。世界食料モデルへの作物モデルの導入はその回答の一つであり、Rosenzweig *et al.*(2013) は、モデルの精度向上のために、気候モデル、作物モデル、経済分析の専門家からなるグループを組織した。しかしながら、作物モデルと経済セクターの結合には困難な点が見られる。作物モデルで推定された収量と統計における実収量の差を埋めるために、先にみたParry *et al.*(1999) は、作物モデルで求めた収量に地域での集計を繰り返して国別の収量とし、世界食料モデルに挿入している。ここで、その集計の過程において作付面積でウェイト付けを行わなければ、生産量の小さなグリッドや地域の影響を大きく受け、誤差が大きくなることに注意が必要である。

DSSAT (Decision-Support System for Agrotechnology Transfer) などに組み込まれた作物モデルは、Jones and Thornton (2003) が示した分析のように、気候変動の作物生産への影響の分析の基礎となっている。しかし、残念ながら、これら多くの作物モデルのパラメータは公表されていないため、経済的なモデルと作物モデルの連結は困難な状況にある。

これらのパッケージ化されたモデルに対して、FAO (国際連合食糧農業機関) とIIASAが開発したGAEZ (Global Agro-ecological Zone) で用いられている作物モデルは、そのパラメータが、Fischer *et al.*(2002) において公表されていた(註1)。この作物モデルは、世界の4つの気候区分において34の作物について各パラメータを示している。Doorenbos and Kassam (1979) が示したGAEZにおけるバイオマス生産量と収量の計算方法が、この研究における収量の気温および日射量弾力性の推定に適用される。これらの弾力性は、長期予測のための収量関数に組み込まれ、収量トレンドの長期的な変化と、IPCC (Intergovernmental Panel on Climate Change、気候変動に関する政府間パネル) のRCP (Representative Concentration Pathway、代表的濃度経路) シナリオの下での世界の収量変化が、この収量関数から得られる(註2)。

対象とする作物は、コメ、小麦、トウモロコシ、大豆である。4つのRCPシナリオの下での気候変数に対する各作物の収量が、シミュレーション期間において気候変数の値が2007年から2009年の平均値に固定されるベースラインシナリオの収量の値と比較される。

この研究の目的は2つある。1つの目的は、気候変動の影響予測のための世界食料モデルの収量関数を計測することであり、もう1つの目的は、気候変動シナリオの下で、長期の各作物の収量がどのように変化するかを明らかにすることである。

2. モデル

気温が上昇すると、比較的気温が低い場合、冷害の影響が少なくなるので収量が増加する。一方、気温がある一定の温度を超えると、植物体の生長に養分が取られるために収量が減少する。このような気温と作物収量の逆U字型の関係は、Horie *et al.*(1995) などが示している。この非線形の関係を二次関数で再現するためには、多数のデータが必要となるため、多くの研究では、植物生理学に基礎を置く作物モデルを用いて、気候変動が作物生産に及ぼす影響を分析してきた。しかしながら、これらの作物モデルの多くは、そこで用いられている光合成速度などのパラメータが開示されていない。この章では、パラメータが公表されている作物モデルから気候変数と収量の関係を求め、それを収量のトレンド（時間に対する推移）を示す関数に組み込む方法を検討する。

まず、各国・地域の4つの作物の品種改良の効果などの技術進歩を示す、収量のトレンドを過去の気候変化を考慮した上で計測した。次に、作物モデルのパラメータから、気温と日射量が収量に与える影響を示すパラメータを計算し、それを収量トレンド関数に組み込んだ。最初の段階では、基準年以前の気候変動の影響を除くために、タイムトレンド(註3)と気候変数を説明変数とする収量トレンド関数を計測した。

シミュレーション開始年の前の収量トレンド関数の一般型は、$Y = f_{YH}$（T、TP_H、RG_H、PT_H）であり、Tはタイムトレンド、TP_H、RG_H、PT_Hはそれぞれ過去の実際の気温、日射量、降水量である。シミュレーション開始年の後の収量トレンド関数の変数は、タイムトレンドのみであり、一般型では $Y = f_{YB}$（T）となる。

作物モデルの気候パラメータを含む収量関数の一般型は、$Y = f_{YF}$［T、g_{TP}（TP_F、RG_F）、g_{RG}（TP_F、RG_F）、PT_F］であり、TP_F、RG_F、PT_F はそれぞれ気温、日射量、降水量の予測値である。この関数の推定結果を各 RCP シナリオ別のシミュレーションで用いた。

潜在収量 Y_p は作物モデルで用いられ、気温と日射量の変化のような気候の状況で決まる。潜在収量 Y_p と実収量あるいは予測された収量 Y との差は、各国・地域の技術水準や制度環境に対応する。

（1）収量トレンド関数

1960 年代から 1980 年代にかけて、作物の収量は、改良品種の普及、化学肥料の投入、灌漑施設の建設からなる緑の革命によって飛躍的に増加した。しかしながら近年、その増加の傾向は頭打ちである（Ray *et al*. 2012）。この傾向をふまえ、4 つの作物の収量のトレンド関数を 4 パラメータロジスティック関数に特定化した。4 つのパラメータとは、最低収量、最高収量、変曲点での傾き、変曲点の年である。ここで、20 世紀半ばから上昇している大気中の二酸化炭素濃度が収量に与える影響、いわゆる施肥効果は、収量トレンドに含まれている。収量トレンドから気候変化の影響を取り除くため、次の気候変数を含む関数を計測した。

$$Y_{lk} = a_{lk} + \frac{b_{lk} - a_{lk}}{1 + \exp[-c_{lk}(T - d_{lk})]} + \beta_{TPlk}TP_{lk} + \beta_{RGlk}RG_{lk} + \beta_{PTlk}PT_{lk} \qquad (1)$$

ここで、l は作物の番号、k は国・地域の番号、Y_{lk} は作物収量、a_{lk} は最低収量（第 1 パラメータ）、b_{lk} は最高収量（第 2 パラメータ）、c_{lk} は変曲点での傾き（第 3 パラメータ）、d_{lk} は変曲点（年）（第 4 パラメータ）である。さらに、T は 1961 年を 1 とするタイムトレンド、TP_{lk} は気温、RG_{lk} は日射量、PT_{lk} は降水量である。**図 7-1** に、例としてバングラデシュのコメ収量のトレンドを示した。

アフリカ諸国のように、作物生産に関わる技術進歩が近年になって見られるようになった途上国では、収量にロジスティック関数を当てはめるのが難しい。このような国・地域の作物の収量関数には、次のような対数をとったタイムトレンドを変数とする線形の関数を用いた。

$$Y_{lk} = a_{0lk} + b_{Tlk} \ln T_L + \beta_{TPlk} TP_{lk} + \beta_{RGlk} RG_{lk} + \beta_{PTlk} PT_{lk} \qquad (2)$$

ここで、T_L は 1951 年を 1 とするタイムトレンドである。気候変数は、(1) 式のものに同じである。**図 7-2** に例としてアルゼンチンの大豆収量のトレンドを示した。

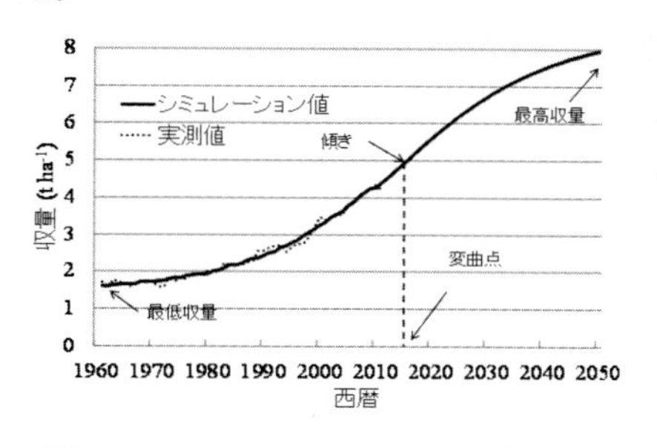

図 7-1　バングラデシュのコメ収量

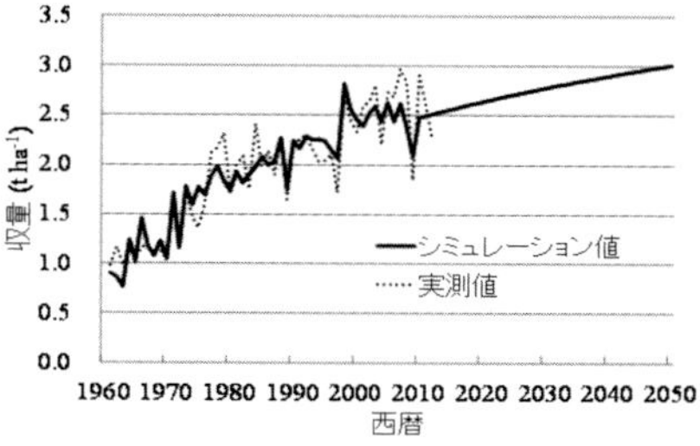

図 7-2　アルゼンチンの大豆収量

(2) 作物モデルを基礎とする気候パラメータを組み込んだ収量関数

この研究で用いる作物モデルは、Doorenbos and Kassam (1979) が開発し、Fischer *et al.* (2002) がまとめたものであり、世界全体でコメ、小麦、トウモロコシ、大豆を含む 34 の作物を対象にしている。作物モデルのすべての式は、Fischer *et al.* (2012) の Appendix 4-5 (pp. 141-142) に示されている。最大総乾物生産速度 (maximum rate of gross biomass production) と純光合成速度の光飽和値 (maximum net rates of CO_2 exchange of leaves) の関数は、ある純光合成速度の光飽和値を境に折れ曲がっているが、そのまま用いると収量の気温弾力性[註4]が大きく変化し、シミュレーション結果に大きな影響を与えるため、平滑化した。この処理により、気候変動の小さな変化を捉えることが可能となった。

ア　最大総乾物生産速度

Doorenbos and Kassam (1979) のモデルにおいて、最大総乾物生産速度 (b_{gm}) (kg ha^{-1} day^{-1}) は、純光合成速度の光飽和値 (P_m) (kg ha^{-1} h^{-1}) が 20 kg ha^{-1} h^{-1} を境に、次のように大きく変化する。

P_m<20 の場合、

$$b_{gm} = F(0.5 + 0.025P_m)b_o + (1 - F)(0.05P_m)b_c \tag{3}$$

P_m≧20 の場合、

$$b_{gm} = F(0.8 + 0.01P_m)b_o + (1 - F)(0.5 + 0.025P_m)b_c \tag{4}$$

ここで、F は、日中に空が雲で覆われる率を示し、$F = (A_c - 0.5RG)/(0.8A_c)$ で決まる。この A_c は晴天時の最大の日射量（cal cm^{-2} day^{-1}）であり、RG は、ある地域、ある年の日射量（cal cm^{-2} day^{-1}）である。b_o は、空が完全に雲で覆われた時の、ある地域、ある年の当該作物の総乾物生産量（kg ha^{-1} day^{-1}）であり、b_c は、快晴時の、ある地域、ある年の当該作物の総乾物生産量（kg ha^{-1} day^{-1}）である。

このように最大総乾物生産速度の関数が折れ曲がっている場合、気温や日射量の変化に対して収量が大きく変化する場合がある。このような問題に対して、純光合成速度の光飽和値が 15 から 25 kg ha^{-1} h^{-1} までの区間で最大総乾物生産速度が大きく変化しないように関数を平滑化した[註5]。**図 7-3** に平滑化した純光合成速度の光飽和値と最大総乾物生産速度の関数の例を示す。

イ　純光合成速度の光飽和値

気温に対する純光合成速度の光飽和値は、Fischer *et al.*(2002) の Appendix VII に表で示されている。これらは、5℃ 単位のデータであったため、各点を線形補間で結びシミュレーションを試行した。しかしながら、この場合、例えば気温が 25℃ を超えると収量予測値が急激に変化することが明らかとなった。そこで、このような大きな変化を緩和するために、3 次スプライン補間をデータに適用した[註6]。

ウ　収量の気温および日射量弾力性

弾力性は、経済学においてよく用いられるパラメータであり、需要の所得弾力性であれば、1% 所得が上昇したときに何%需要が増加するかを示す。この弾力性は単位に依存しないために、地域や作物間での比較が可能である。潜在収量の気温弾力性は、Fischer *et al.*(2012) に示されている作物モデルの式より次式から計算される。

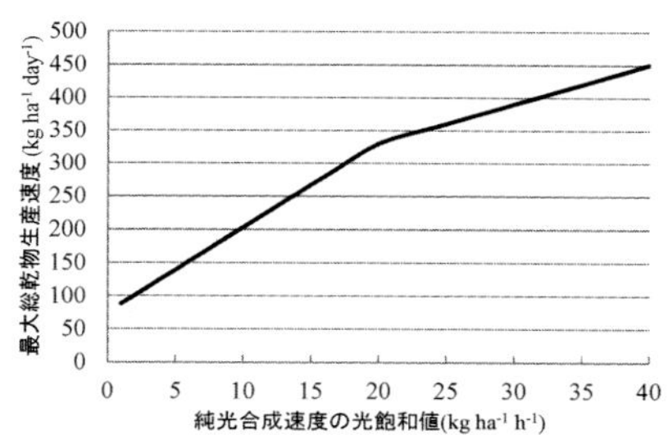

図 7-3　純光合成速度の光飽和値と最大総乾物生産速度の関係

（日中に空が雲で覆われる率 F=0.6、完全曇天時の総乾物生産量　b_o=250（kg ha⁻¹ day⁻¹）、快晴時の総乾物生産量 b_c=450（kg ha⁻¹ day⁻¹））

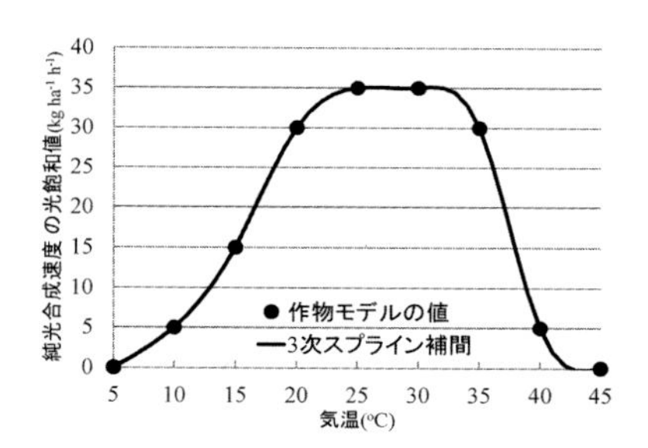

図 7-4　気温と純光合成速度の光飽和値の関係（ジャポニカ米、水田）

$$\frac{\partial \ln Yp}{\partial \ln TP} = \frac{\partial Yp}{\partial TP}\frac{TP}{Yp} = \frac{\partial B_n}{\partial TP}\frac{TP}{B_n} = \frac{\partial b_{gm}}{\partial TP}\frac{TP}{b_{gm}} + \frac{\partial \left(1/N + 0.25c_t\right)^{-1}}{\partial TP} TP\left(1/N + 0.25c_t\right) \qquad (5)$$

ここで、Y_p は潜在収量（kg ha⁻¹）、TP は気温（℃）、B_n は純乾物生産速度（rate of net biomass production）（kg ha⁻¹）、b_{gm} は最大総乾物生産速度（kg ha⁻¹ day⁻¹）、N は全生長日数（日）、c_t は維持呼吸の一定比（constant proportion of maintenance respiration）（g g⁻¹ day⁻¹）である。なお、GAEZ では、実収量と潜在収量の差は、蒸発散量で説明されている。全生長日数は、USDA（1994）の栽培暦から推定した。

最大総乾物生産速度の気温に対する限界性向である $\partial b_{gm}/\partial TP$ と、Fischer *et al.*（2012）の作物モデルの(8)式である $c_t = c_{30}(0.0044+0.0019\,TP+0.0010\,TP^2)$ を(5)式に代入すると、$P_m<15$ の場合、次式が得られる(註7)。

$$\frac{\partial \ln Yp}{\partial \ln TP} = \frac{\left[0.025Fb_o + 0.05(1-F)b_c\right]TP}{b_{gm}}\frac{\partial P_m}{\partial TP} - \frac{0.25(0.0019 + 0.0020TP)c_{30}TP}{1/N + 0.25c_t} \qquad (6)$$

この式において、豆類の場合 $c_{30} = 0.0283$ それ以外の作物の場合 $c_{30} = 0.0108$ である。

潜在収量は次式から計算される。

$$Yp = \frac{0.36HI \cdot b_{gm} \cdot LAI / 5}{1 / N + 0.25c_t} \tag{7}$$

ここで *HI* は収穫指数（harvest index）、*LAI* は葉面積指数（leaf area index）である。**図 7-5** に GAEZ の作物モデルにおける気温と収量の関係をジャポニカ米、冬小麦、トウモロコシ、大豆について示した。

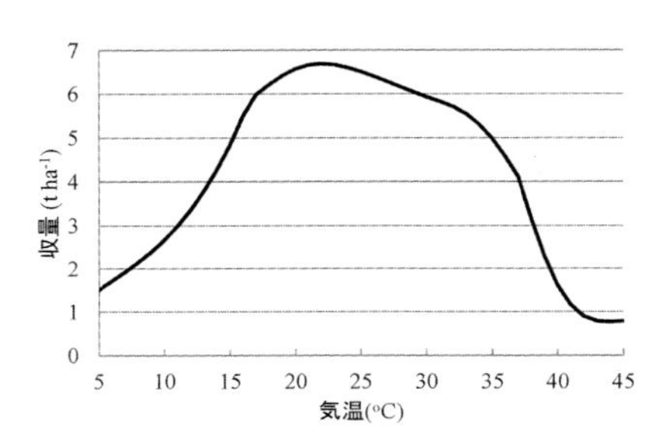

(i) ジャポニカ米（水稲）

全生長日数 N=165 （day）、収穫指数 HI=0.3、葉面積指数 LAI=6.0、完全曇天時の総乾物生産量 b_o=231（kg ha^{-1} day^{-1}）、快晴時の総乾物生産量 b_c=442（kg ha^{-1} day^{-1}）、日射量 RG=15（MJ m^{-2} day^{-1}）

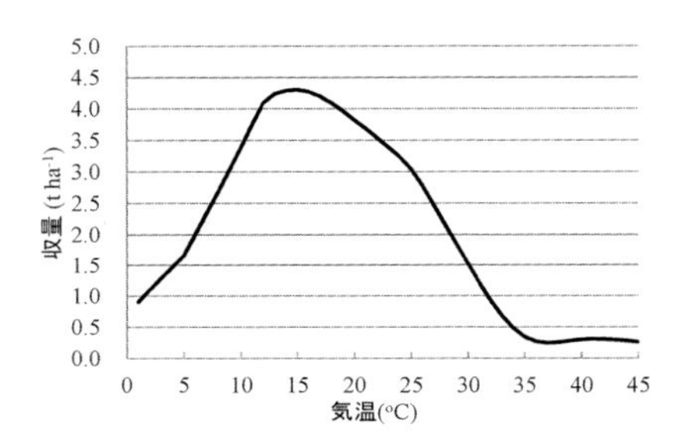

(ii) 冬小麦

N=300（day）、HI=0.2、LAI=4.0、b_o=178（kg ha^{-1} day^{-1}）、b_c=353（kg ha^{-1} day^{-1}）、RG=14（MJ m^{-2} day^{-1}）

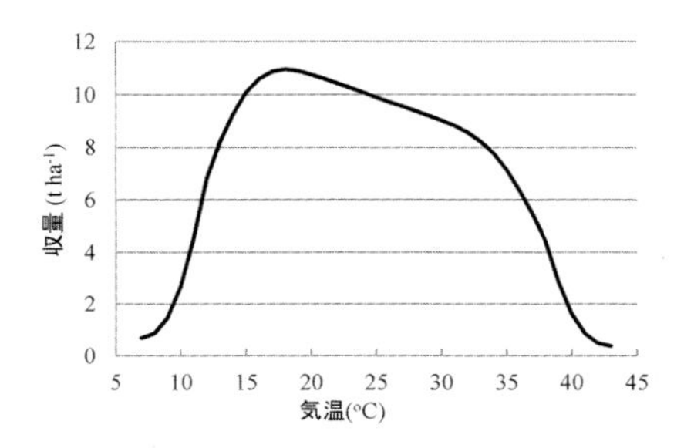

(iii) トウモロコシ（亜熱帯）

N=165（day）、HI=0.45、LAI=4.5、b_o=216（kg ha^{-1} day^{-1}）、b_c=417（kg ha^{-1} day^{-1}）、RG=18（MJ m^{-2} day^{-1}）

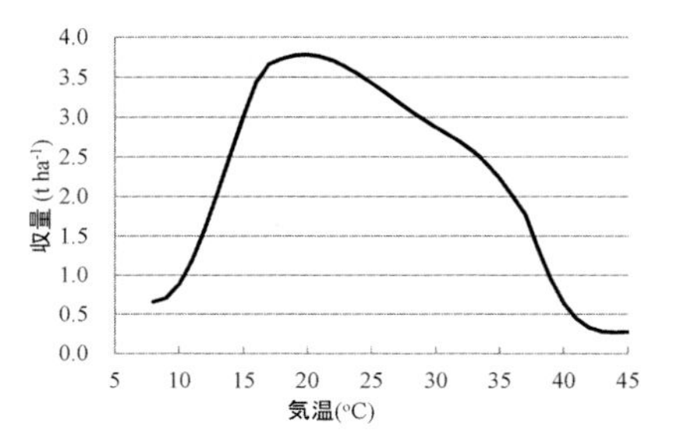

(iv) 大豆（熱帯）

N=185（day）、HI=0.3、LAI=4.0、b_o=232（kg ha^{-1} day^{-1}）、b_c=434（kg ha^{-1} day^{-1}）、RG=17（MJ m^{-2} day^{-1}）

図 7-5 気温と収量との関係

この図の作成で用いた全生長日数や日射量などは、代表的な生産国の平均値であり、ジャポニカ米は日本、冬小麦とトウモロコシはアメリカ、大豆はブラジルの値である。また、この図で用いている日射量の単位は、モデルで用いられている cal cm^{-2} day^{-1} から、一般的な MJ m^{-2} day^{-1} へ変換した（1 MJ m^{-2} day^{-1} = 23.89 cal cm^{-2} day^{-1}）。

潜在収量の日射量弾力性は、次式から計算される。

$$\frac{\partial \ln Yp}{\partial \ln RG} = \frac{\partial Yp}{\partial RG}\frac{RG}{Yp} = \frac{\partial B_n}{\partial RG}\frac{RG}{B_n} = \frac{\partial b_{gm}}{\partial RG}\frac{RG}{b_{gm}} = \frac{\partial b_{gm}}{\partial F}\frac{\partial F}{\partial RG}\frac{RG}{b_{gm}} \qquad (8)$$

日中に空が雲で覆われる率（F）に対する最大総乾物生産速度（b_{gm}）の限界性向と、日射量（RG）に対する F の限界性向を(8)式に代入すると、潜在収量の日射弾力性が得られ、$P_m<15$ の場合は次式となる[註8, 9]。

$$\frac{\partial \ln Yp}{\partial \ln RG} = -\frac{0.625}{A_c}[(0.5+0.025P_m)b_o - 0.05P_m b_c]\frac{RG}{b_{gm}} \qquad (9)$$

図 7-6 に GAEZ の作物モデルにおける日射量と収量の関係をジャポニカ米、冬小麦、トウモロコシ、大豆について示した。**図 7-5** と同様に、全生長日数や気温は、代表的な生産国の値を用いている。

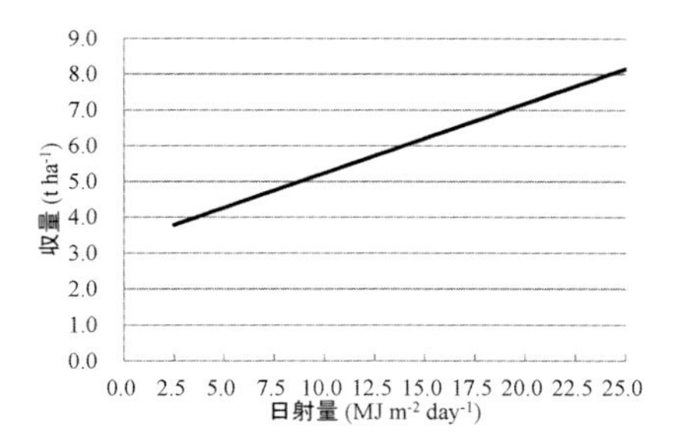

(i) ジャポニカ米（水稲）
全生長日数 N=165（day）、収穫指数 HI=0.3、葉面積指数 LAI=6.0、完全曇天時の総乾物生産量 b_o=231（kg ha^{-1} day^{-1}）、快晴時の総乾物生産量 b_c=442（kg ha^{-1} day^{-1}）、気温 TP=18（℃）

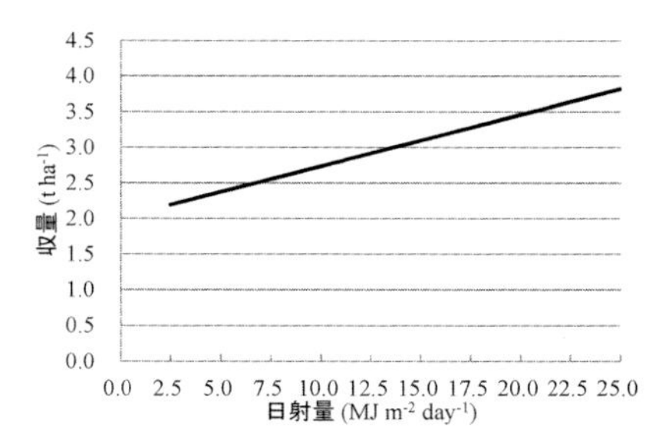

(ii) 冬小麦
N=300（day）、HI=0.2、LAI=4.0、b_o=178（kg ha^{-1} day^{-1}）、b_c=353（kg ha^{-1} day^{-1}）、TP=9（℃）

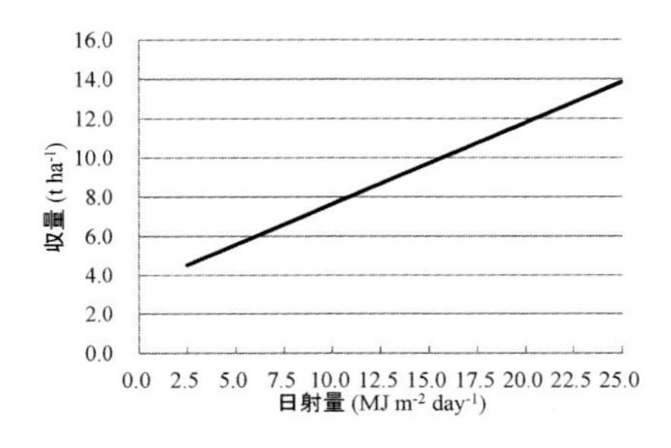

(iii) トウモロコシ（亜熱帯）
N=165 (day)、HI=0.45、LAI=4.5、b_o=216 (kg ha^{-1} day^{-1})、b_c=417 (kg ha^{-1} day^{-1})、TP=18 (℃)

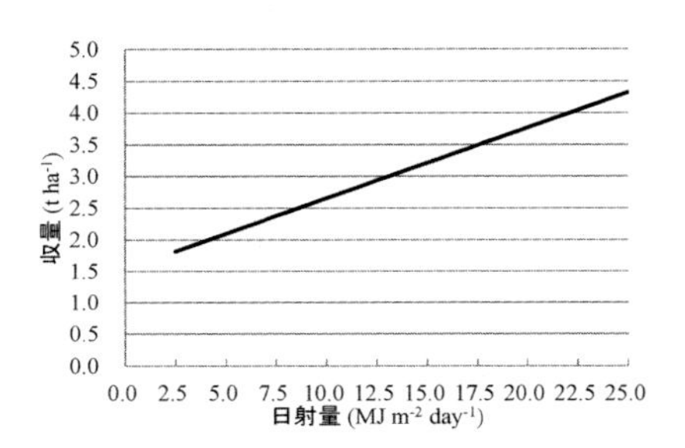

(iv) 大豆（熱帯）
N=185 (day)、HI=0.3、LAI=4.0、b_o=232 (kg ha^{-1} day^{-1})、b_c=434 (kg ha^{-1} day^{-1})、TP=25 (℃)

図 7-6　日射量と収量の関係

エ　収量の気温および日射量弾力性の収量関数への組み込み

弾力性は、平均値などを用いて、傾きあるいは限界性向に変換することができる。気候変数に対する収量の限界性向が得られれば、それらを(1)式あるいは(2)式に代入し、気候変動が収量に与える影響を把握することができる。このとき、(1)式と(2)式における気温の収量に対する限界性向である β_{TPlk} あるいは $\partial Y_{lk} / \partial TP_{lk}$ が一定であれば問題はないが、**図 7-5** で見たようにその限界性向は大きく変化する。ここでもし、ある年に気温が大きく上昇し、収量の気温弾力性が例えば 0.5 から −0.1 へ大きく変化すると、気温に関わる項である $\beta_{TPlk} TP_{lk}$ の値が前年の値に比べて大きく減少し、収量予測値もそれにつれて大きく減少することになる。このパラメータ可変型の関数に伴う問題を回避するために、1 期（年）前の収量からの変化を考慮した上でパラメータの平均値を用いる関数を収量予測に用いる。ロジスティック関数の場合は次式となる(註10)。

$$
\begin{aligned}
Y_{lkt} &= Y_{lkt-1} + \frac{b_{lk} - a_{lk}}{1 + \exp[-c_{lk}(T_t - d_{lk})]} - \frac{b_{lk} - a_{lk}}{1 + \exp[-c_{lk}(T_{t-1} - d_{lk})]} \\
&+ \frac{1}{2}\left(\frac{\partial Yp_{lkt}}{\partial TP_{lkt}} + \frac{\partial Yp_{lkt-1}}{\partial TP_{lkt-1}}\right)(TP_{lkt} - TP_{lkt-1}) + \frac{1}{2}\left(\frac{\partial Yp_{lkt}}{\partial RG_{lkt}} + \frac{\partial Yp_{lkt-1}}{\partial RG_{lkt-1}}\right)(RG_{lkt} - RG_{lkt-1}) \\
&+ \frac{\partial Yp_{lk}}{\partial PT_{lk}}(PT_{lkt} - PT_{lkt-1}) \qquad (10)
\end{aligned}
$$

ここでTは1961年を1とするタイムトレンド、Yp_{lk}は潜在収量、lは作物の番号、kは国・地域の番号、tは年である。また、パラメータa_{lk}、b_{lk}、c_{lk}およびd_{lk}は(1)式のものに等しい。シミュレーションでは、2007年から2009年の収量と各気候変数の平均値と、先に求めた弾力性を用いて収量を計算する(註11)。なお、降雨量のパラメータ$\partial Yp_{lk} / \partial TP_{lk}$は、(1)式あるいは(2)式で求めた$\beta_{PTlk}$を用いる。

3. データ

コメ、小麦、トウモロコシ、大豆の1961年あるいは利用可能な最も早い年から2011年までの収量のデータは、各国・地域についてFAO-STATから得た。選択された国・地域はGTAP 8（Narayanan *et al.* 2012）のデータベースに合わせたもので、129の国・地域から構成され、各地域についての平均値を作成した。なお、香港、シンガポール、南極などを含むその他地域は、作物の生産が行われていないため、除外した。

2006年から2050年までの月別気候予測値は、東京大学大気海洋研究所、国立環境研究所、海洋研究開発機構の開発した全球気候モデルであるMIROC 5（Model for Interdisciplinary Research on Climate 5）の値であり、IPCCのCMIP 5（Coupled-Model Intercomparison Project Phase 5）が提示したRCP 2.6、RCP 4.5、RCP 6.0、RCP 8.5の4つのRCPシナリオ（van Vuuren *et al.* 2011）に基づくものである。また、1961年から2009年までの気候実測値は、イーストアングリア大学気候研究センターの値である。

これらの全球気候予測値と過去の実測値は、Yokozawa *et al.*(2003）の提示した方法により、0.5°グリッドに内挿し、さらにそれを基に国別に平均値を作成した。アメリカや中国のように面積の広い国では、Furuya and Koyama（2005）が示した栽培地域別に各予測値および実測値を求めた。

4. 結果

(1) 主要生産国のトレンド分析

1) ベースライン、2) RCP 2.6、3) RCP 8.5 の3つのシミュレーションが気候変動の作物生産に及ぼす影響の分析に用いられる。「ベースライン」は、気温、日射量、降水量が、2007年－2009年の平均値のまま2050年まで変化しないシナリオである。「RCP 2.6」と「RCP 8.5」は、CMIP 5 の RCP 2.6 と RCP 8.5 のシナリオにしたがって気温、日射量、降水量が変化するシナリオである、CMIP 5 の RCP 2.6 は、2040年頃までに二酸化炭素濃度が490 ppm に上昇した後、徐々に減少する「低位安定化シナリオ」であり、RCP 8.5 は、2100年に二酸化炭素濃度が1370 ppm に達する「高位参照シナリオ」である。

各作物の主要な生産国の収量の推移を図で検討したい[註12]。**図7-7** の（i）と（ii）は日本とインドのコメ収量の推移を示している。名前の通り、日本とインドでは、それぞれジャポニカ米とインディカ米が生産されている。日本でのコメ収量は、需要量の減少傾向に合わせて生産者が高食味低収量の品種を選択しているため、下降局面にある。気候変動は収量を増加させ、2041–2050年のベースラインの平均収量は 5.72 t ha^{-1} であるが、RCP 8.5 と RCP 2.6 のそれぞれのシナリオの平均収量は 5.98 および 6.00 t ha^{-1} である。一方、インドのコメ収量は、堅調に増加を続けるが、増加率は逓減傾向にある。2041–2050年のベースラインの平均収量は 4.09 t ha^{-1} であるが、RCP 8.5 と RCP 2.6 のそれぞれのシナリオの平均収量は 4.01 および 4.06 t ha^{-1} であり、気候変動の影響により収量が若干減少する。

図7-7 の（iii）と（iv）はそれぞれ中国（台湾を除く本土）とインドの小麦収量の推移を示している。ベースラインシナリオは、中国（本土）の小麦収量が堅調に増加することを示している。気候変動は、中国（本土）の小麦収量を押し上げ、2041–2050年のベースラインの平均収量 5.73 t ha^{-1} に対し、RCP 8.5 と RCP 2.6 それぞれのシナリオの平均収量は 6.29 および 6.17 t ha^{-1} となる。しかしながら、両気候変動シナリオにおける収量の変動は極めて大きい。**図7-5**（ii）に示した小麦の気温と収量の関係の図は、その軌跡の頂点近くが、他の作物に比べて、尖っていることを示している。作物モデルでは、栽培期間の平均気温が12℃を

超えると、中国（本土）の小麦収量が大きく減少する。シミュレーション期間における変動係数は、RCP 8.5 と RCP 2.6 それぞれ 7.9 および 6.4% である(註13)。インドの小麦収量は、RCP 8.5 シナリオの下で減少する。2041–2050 年のベースラインの平均収量は 3.06 t ha^{-1} であるが、RCP 8.5 シナリオでは 3.00 t ha^{-1} となる。

トウモロコシは、植物生理学的に他の作物と異なり、コメ、小麦、大豆は C 3 植物であり、トウモロコシは C 4 植物である。C 4 植物は、C 3 植物に比べて高温かつ乾燥した環境で繁茂し、低二酸化炭素濃度の環境に適応する(註14)。**図 7-7** の（v）と（vi）は、それぞれアメリカと中国（本土）のトウモロコシ収量の推移を示している。アメリカのトウモロコシ収量は堅調に増加し、2041–2050 年のベースラインの平均収量は 11.93 t ha^{-1} となる。気候変動下では収量がさらに増加し、RCP 8.5 と RCP 2.6 それぞれのシナリオの平均収量は 12.33 および 12.55 t ha^{-1} となる。中国（本土）のトウモロコシ収量は、2040 年代に RCP 8.5 と RCP 2.6 それぞれのシナリオにおいて 5.89 t ha^{-1} および 5.98 t ha^{-1} となるが、これらはベースラインの収量に対してそれぞれ 0.33、0.43 t ha^{-1} 高い。

図 7-7 の（vii）と（viii）は、それぞれアメリカとブラジルの大豆収量の推移を示している。アメリカの大豆収量は、ベースラインにおいて、2011 年の 2.83 t ha^{-1} から 2050 年の 3.36 t ha^{-1} まで堅調に増加する。気候変動はアメリカの大豆収量を押し上げると期待され、2040 年代の RCP 8.5 と RCP 2.6 それぞれのシナリオの平均収量は、3.37 および 3.42 t ha^{-1} となる。しかしながら、気候変動はブラジルの大豆収量に負の影響を及ぼす。2041–2050 年のベースラインの平均収量は 3.94 t ha^{-1} であるが、RCP 8.5 と RCP 2.6 のそれぞれのシナリオの平均収量は 3.80 および 3.83 t ha^{-1} である。

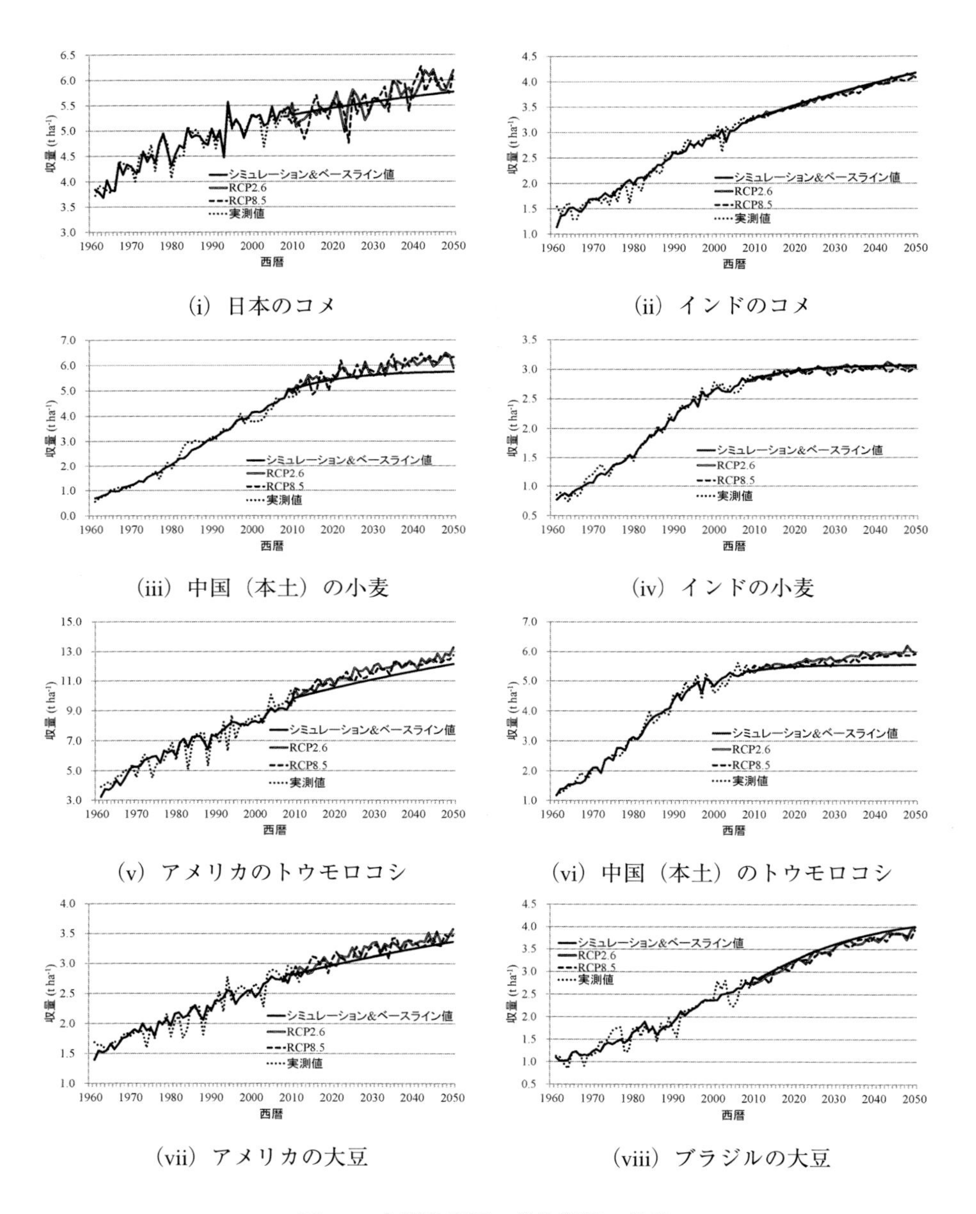

図 7-7 主要生産国の作物収量の推移

(2)　地域的分析

気候変動が各作物の収量に与える影響を地域的に分析するために、2021–2030年および2041–2050年の2つの期間における収量のRCP 6.0の値とベースラインの値の差を示す地図を作成した。**図7-8**の（i）と（ii）は、2つの期間におけるコメ収量のRCP 6.0の値とベースラインの値の差を示している。これらの図は、2020年代には、サハラ以南のアフリカ地域を除く低緯度諸国において、気候変動がコメ生産に影響を与えることを示している。しかしながら、2040年代にはサハラ以南のアフリカ地域のコメ生産も気候変動の影響を受けることが予想される。

図7-8の（iii）と（iv）は、それぞれ2つの期間における小麦収量のRCP 6.0の値とベースラインの値の差を示している。**図7-8**（iii）は、2020年代における低温の影響により、東欧地域の小麦収量が低下することを表している。これらの図は、また、2040年代では南アジア地域やサハラ以南のアフリカ地域で小麦収量が減少することも示している。

図7-8の（v）と（vi）は、それぞれ2つの期間におけるトウモロコシ収量のRCP 6.0の値とベースラインの値の差を示している。**図7-8**（vi）は、2040年代において、南アジア地域、東南アジア地域、オーストラリア、中東地域、アフリカ地域およびラテンアメリカ地域のトウモロコシ生産が、気候変動の影響を受けることを表している。しかしながら、また、両図は、高緯度地域のトウモロコシ収量が気候変動によって増加することも示している。

図7-8の（vii）と（viii）は、それぞれ2つの期間における大豆収量のRCP 6.0の値とベースラインの値の差を示している。**図7-8**(vii)は、2020年代において、ロシアの大豆収量が低温によって減少し、多くの低緯度地域の国々の大豆収量が高温によって減少することを表している。また、**図7-8**（viii）は、2040年代において中国の大豆収量が高温によって減少することを示している。

Parry *et al.*(2004）は、いくつかのシナリオにおいて、ロシアと欧州地域の穀類収量が低下すると予想した。しかしながら、ここでの研究結果は、4つの作物の同地域での収量が気候変動によって増加することを示している。Parry *et al.*（2004）のモデルは、Parry *et al.*(1999）で示された2段階の収量推定に基づいている。その第1段階では、潜在収量が作物モデルから計算され、それらが各地域で集計される。第2段階では、集計された潜在収量を被説明変数とし、気温、降水量、二酸化炭素濃度を説明変数とする、線形関数あるいは2次関数が推定される。それに対してここでの研究では、作物モデルのパラメータを組み込んだ収量関数が用いられた。このアプローチの違いが、異なる予測結果を導いたと考えられる。さらに、Rosenzweig *et al.*(2014)が報告したように、用いた作物モデルの違いが結果に表れた可能性もある。

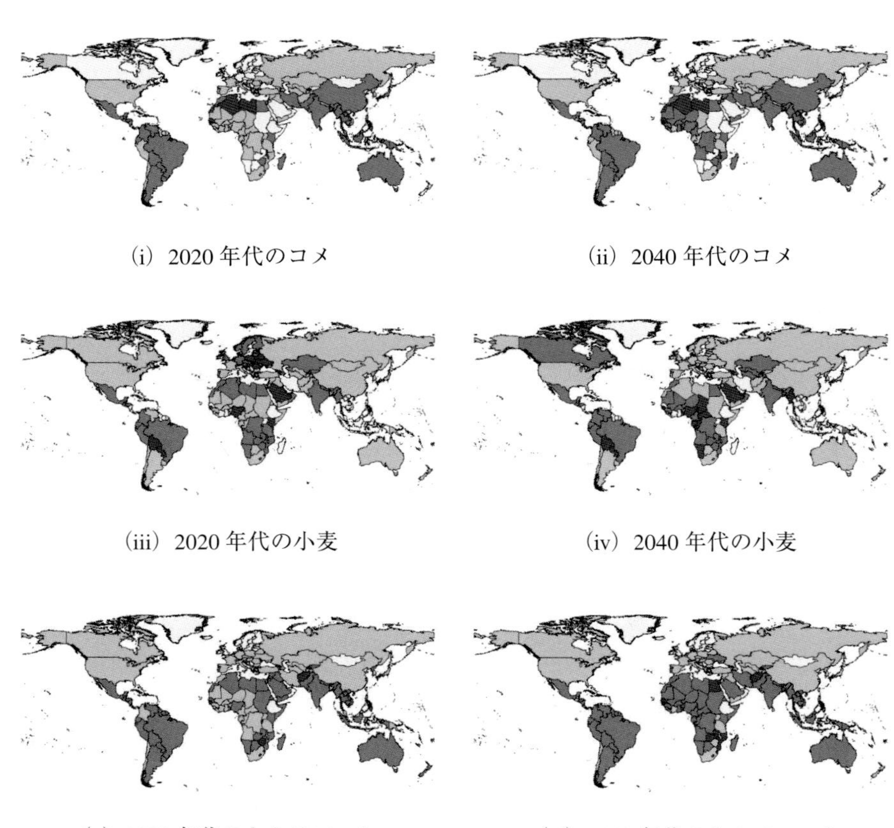

(i) 2020年代のコメ　(ii) 2040年代のコメ

(iii) 2020年代の小麦　(iv) 2040年代の小麦

(v) 2020年代のトウモロコシ　(vi) 2040年代のトウモロコシ

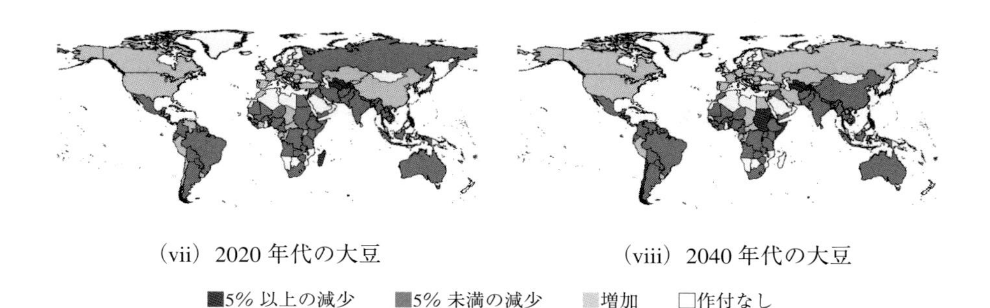

（vii）2020 年代の大豆　（viii）2040 年代の大豆

図 7-8　収量の RCP 6.0 シナリオの値とベースラインの値の差

5. 結論

各国・地域のコメ、小麦、トウモロコシ、大豆の収量関数が、ロジスティック関数あるいは対数をとったタイムトレンドを変数に含む線形関数の推定により得られた。これらの収量関数は、気候要因を説明変数に含んでいた。さらに、収量の気温および日射量弾力性を Doorenbos and Kassam（1979）が開発した作物モデルのパラメータから求めた。ここで、3 次スプライン補間などを用いて、この作物モデルの各パラメータが、連続的に変化するように改良された。もしこの平滑化の改良がなければ、シミュレーション結果は大きな振幅を示すことになる。得られた気候変数の弾力性を収量関数に組み込み、気温、日射量、降水量の変化が全世界の 4 つの作物の収量に与える影響を分析したところである。

主要生産国の各作物の収量の推移の分析は、中国（本土）の小麦を除き、RCP 8.5 シナリオの下での収量が、RCP 2.6 シナリオの下での収量を下回ることを示した。より高い気温は、中国（本土）の小麦の高い収量を導くことになる。一方で、将来の収量の振幅に目を向けた場合、いくつかの国において収量に大きな変動が見られる場合がある。中国（本土）の小麦がその一例である。**図 7-5**（ii）で示すように、気温と収量の関係の図が、最適気温のまわりにおいて鋭い曲線を描き、その傾きが急な帯域で気温が変化する場合、収量が大きく変化する。

地域別分析の結果、低緯度地域における小麦とトウモロコシの生産が、気候変動から大きな影響を受けることが明らかとなったが、これは、この2つの作物の気温と収量の関係を示す曲線の頂点が、**図 7-5**(ii)と(iii)に見るように、他の作物に比べて低温側へ偏っているためである。これらの結果は、さらなる気温上昇が、比較的気温の高い国・地域の収量を減少させることを示している。特にサハラ以南のアフリカ地域において、気候変動によってコメの収量が減少に向かうことは、注意を要するところである。

これらの結果は、気候変動に対する適応技術の発展を考慮していない。**図 7-5** に示した気温と収量の関係の曲線を高温側へシフトさせるような育種開発が望まれる。二酸化炭素濃度と蒸発散量の変化を考慮した収量関数の計測が次の課題である。また、ここで得られた収量関数は、世界食料モデルに組み込まれ、気候変動に伴う作付面積、生産量、供給量、価格などの変化が分析される予定である。

謝辞

農業・食品産業技術総合研究機構 農業環境変動研究センター 気候変動対応研究領域の西森基貴氏には、気候データについて、MIROC 5 の各 RCP シナリオの予測値および実測値を国・地域別集計値を計算していただき、シナリオ別年次別のテキストデータファイルを提供していただいた。また、同センター同領域の長谷川利拡氏には、作物モデルにおける用語や単位についてお教えいただいた。ここに期して感謝の意を表したい。

註

（註 1）残念ながら Fischer *et al.*(2012) ではパラメータは公表されていない。

（註 2）本章は、Furuya *et al.*(2015) の日本語訳である。翻訳・転載には、原著の著作権を有する JARQ 編集委員会の許諾を得ている。本書が想定する読者層を踏まえて用語の解説を加筆し、モデルの説明などは簡略化している。

（註 3）時間の経過にしたがって 1、2、3、. . . と 1 ずつ増加する変数。

（註 4）収量の気温弾力性とは、気温が 1% 上昇したときに収量が何%増加するかを示したものである。

（註 5）$15 \le P_m < 25$ の区間については、(3)式と(4)式のパラメータにロジスティック関数を適用して平滑化した。

$P_m < 15$の場合、(3)式。

$15 \le P_m < 25$ の場合、

$$b_{gm} = F\left[\left(0.5 + \frac{0.3}{1+e^{20-pm}}\right) + \left(0.01 + \frac{0.015}{1+e^{pm-20}}\right)P_m\right]b_0$$

$$+(1-F)\left[\left(\frac{0.5}{1+e^{20-pm}}\right) + \left(0.025 + \frac{0.025}{1+e^{pm-20}}\right)P_m\right]b_c 。$$

$P_m \ge 25$ の場合、(4)式。

（註 6）ここで、データの組み合わせが、(x_1、y_1)、(x_2、y_2)、…、(x_n、y_n) であり、$(a \le x_1 \le x_2 \le \cdots \le x_n \le b)$ であれば、$[x_i, x_{i+1}]$ の 3 次スプライン補間式は次式で定義される。

$$s_i(x) = a_i + b_i(x-x_i) + c_i(x-x_i)^2 + d_i(x-x_i)^3 \ , \ (i = 1, 2, \cdots, n-1) \ .$$

補間の条件と 1 階 2 階の微係数の接点での連続性を用いると、c_i についての n-2 個の関数が得られ、両端の x_i と x_n での 2 次導関数の値をゼロとした式を加えると、連立 1 次方程式を構成できる。この解を得ると、c_i についての関数を得るときに用いた 2 階の微係数の式より b_i と d_i が得られ、上式の x に x_i を代入し補間の条件を考慮すると a_i が得られる（霜田・田部（1990））。

（註 7）$15 \le P_m < 25$ の場合は次式となる。

$$\frac{\partial \ln Yp}{\partial \ln TP} = \left[\frac{0.3Fb_0 + 0.5(1-F)b_c}{(1+e^{20-Pm})^2}e^{20-Pm} + \left(0.01Fb_0 + 0.025(1-F)b_c + \frac{0.015Fb_0 + 0.025(1-F)b_c}{1+e^{Pm-20}}\right)\right.$$

$$\left. - \frac{0.015Fb_0 + 0.025(1-F)b_c}{(1+e^{Pm-20})^2}e^{Pm-20}P_m\right]\frac{\partial P_m}{\partial t}\frac{TP}{b_{gm}} - \frac{0.25(0.0019 + 0.0020TP)c_{30}TP}{1/N + 0.25c_t}$$

また、$P_m \ge 25$ の場合は次式となる。

$$\frac{\partial \ln Yp}{\partial \ln TP} = \frac{[0.01Fb_o + 0.025(1-F)b_c]TP}{b_{gm}}\frac{\partial P_m}{\partial TP} - \frac{0.25(0.0019 + 0.0020TP)c_{30}TP}{1/N + 0.25c_t}$$

（註 8）日射量（RG）に対する日中に空が雲で覆われる率（F）の限界性向は次式となる。

$$F = \frac{A_c - 0.5RG}{0.8A_c}, \quad \frac{\partial F}{\partial RG} = -\frac{0.625}{A_c}$$

ここで、A_c は晴天時の最大の日射量（cal cm^{-2} day^{-1}）である。

（註 9） $15 \le P_m < 25$ の場合は次式となる。

$$\frac{\partial \ln Yp}{\partial \ln RG} = -\frac{0.625}{A_c}[0.05b_0 + 0.75b_c + (0.0775b_0 - 0.1375b_c)P_m - (0.0015b_0 - 0.0025b_c)P_m{}^2]\frac{RG}{b_{gm}}$$

また、$P_m \ge 25$ の場合は次式となる。

$$\frac{\partial \ln Yp}{\partial \ln RG} = -\frac{0.625}{A_c}[(0.8 + 0.01P_m)b_o - (0.5 + 0.025P_m)b_c]\frac{RG}{b_{gm}}$$

（註 10） 線形の関数の場合は次式となる。

$$Y_{lkt} = Y_{lkt-1} + b_{Tlk}(\ln T_{Lt} - \ln T_{Lt-1}) + \frac{1}{2}\left(\frac{\partial Yp_{lkt}}{\partial TP_{lkt}} + \frac{\partial Yp_{lkt-1}}{\partial TP_{lkt-1}}\right)(TP_{lkt} - TP_{lkt-1})$$
$$+\frac{1}{2}\left(\frac{\partial Yp_{lkt}}{\partial RG_{lkt}} + \frac{\partial Yp_{lkt-1}}{\partial RG_{lkt-1}}\right)(RG_{lkt} - RG_{lkt-1}) + \frac{\partial Yp_{lk}}{\partial PT_{lk}}(PT_{lkt} - PT_{lkt-1})$$

ここで、T_L は 1951 年を 1 とするタイムトレンドであり、パラメータ b_{Tlk} は(2)式のものに等しい。

（註 11） シミュレーションで用いた収量予測式は次の通りである。

$$Y_{lkt} = Y_{lkt-1} + \frac{b_{lk} - a_{lk}}{1 + \exp[-c_{lk}(T_t - d_{lk})]} - \frac{b_{lk} - a_{lk}}{1 + \exp[-c_{lk}(T_{t-1} - d_{lk})]}$$
$$+\frac{1}{2}\left(\frac{\partial \ln Yp_{lkt}}{\partial \ln TP_{lkt}} + \frac{\partial \ln Yp_{lkt-1}}{\partial \ln TP_{lkt-1}}\right)\frac{Y_{lk2008}}{TP_{lk2008}}(TP_{lkt} - TP_{lkt-1})$$
$$+\frac{1}{2}\left(\frac{\partial \ln Yp_{lkt}}{\partial \ln RG_{lkt}} + \frac{\partial \ln Yp_{lkt-1}}{\partial \ln RG_{lkt-1}}\right)\frac{Y_{lk2008}}{RG_{lk2008}}(RG_{lkt} - RG_{lkt-1}) + \beta_{PTlk}(PT_{lkt} - PT_{lkt-1})$$

$$Y_{lkt} = Y_{lkt-1} + b_{Tlk}(\ln T_{Lt} - \ln T_{Lt-1}) + \frac{1}{2}\left(\frac{\partial \ln Yp_{lkt}}{\partial \ln TP_{lkt}} + \frac{\partial \ln Yp_{lkt-1}}{\partial \ln TP_{lkt-1}}\right)\frac{Y_{lk2008}}{TP_{lk2008}}(TP_{lkt} - TP_{lkt-1})$$
$$+\frac{1}{2}\left(\frac{\partial \ln Yp_{lkt}}{\partial \ln RG_{lkt}} + \frac{\partial \ln Yp_{lkt-1}}{\partial \ln RG_{lkt-1}}\right)\frac{Y_{lk2008}}{RG_{lk2008}}(RG_{lkt} - RG_{lkt-1}) + \beta_{PTlk}(PT_{lkt} - PT_{lkt-1})$$

β_{PTlK} は(1)式と(2)式のものに等しい。Y_{lk2008} は作物 l、国・地域 k の期間 2007-2009 における平均収量である。TP_{lk2008}、RG_{lk2008}、PT_{lk2008} はそれぞれ作物 l、国・地域 k の期間 2007-2009 における平均気温、平均日射量、平均降水量である。

（註 12） 収量トレンド関数(1)式と(2)式の計測結果は、Furuya *et al.*(2015) に示されている。

（註 13）変動係数は、平均値に対する標準偏差の比、あるいはそのパーセント表示である。

（註 14）Rötter and van de Geijn（1999）や Hatch（2002）等を参照されたい。

引用文献

Doorenbos, J. and Kassam, A. (1979) *Yield response to water*, FAO irrigation and drainage paper 33, Food and Agriculture Organization of the United Nations, Rome, Italy, 193 pp.

Fischer, G., Nachtergaele, F. O., Prieler, S., Teixeira, E., Tóth, G., van Velthuizen, H., Verelst, L., and Wiberg, D. (2012) *Global Agro-Ecological Zones* (*GAEZ* v 3.0) – *Model Documentation* – Laxenburg, Austria and Food and Agriculture Organization of the United Nations, Rome, Italy, 179 pp. (website at http://www.fao.org/fileadmin/user_upload/gaez/docs/GAEZ_Model_Documentation.pdf)

Fischer, G., van Velthuizen, H., Shah, M., and Nachtergaele, F. (2002) *Global agro-ecological assessment for agriculture in the 21st century: Methodology and results*, International Institute for Applied Systems Analysis, Laxenburg, Austria and Food and Agriculture Organization of the United Nations, Rome, Italy, 119 pp.

Furuya, J. and Kobayashi, S. (2009) Impacts of global warming on agricultural product markets: stochastic world food model analysis. *Sustainability Science*, **4**, 71-79.

Furuya, J., Kobayashi, S., Yamamoto, Y., and Nishimori, M. (2015) Climate change effects on long-term world-crop production: incorporating a crop model into long-term yield estimates. *Japan Agricultural Research Quarterly*, **49** (2), 187-202.

Furuya, J. and Koyama, O. (2005) Impacts of climatic change on world agricultural product markets: estimation of macro yield functions. *Japan Agricultural Research Quarterly*, **39** (2), 121-134.

Gottschalk, P. G. and Dunn, J. R. (2005) The five-parameter logistic: A characterization and comparison with the four-parameter logistic. *Analytical Biochemistry*, **343**, 54-65.

Harris, D. (1989) Comparison of 1-, 2-, and 3-parameter IRT models. *Educational Measurement: Issues and Practice*, **8** (1), 35-41.

Hatch, M. D. (2002) C_4 photosynthesis: discovery and resolution. *Photosynthesis Research*, **73**, 251-256.

Horie, T., Kropff, M. J., Centeno, H., G., Nakagawa, H., Nakano, J., Kim, H. Y., and Ohnishi, M. (1995) Effect of anticipated change in global environment on rice yields in Japan. *In* Climate change and rice. eds. Peng, S., Ingram, K. T., Neue, H. -U., and Ziska L. H., IRRI, Springer-Verlag, Berlin Heidelberg, 291-302.

Jones, P. G. and Thornton, P. K. (2003) The potential impacts of climate change on maize production in Africa and Latin America in 2055. *Global Environmental Change*, **13**, 51-59.

Narayanan, B. G., Dimaranan, B. V., and McDougall, R. A. (2012) Guide to the GTAP database, Chapter 2, *GTAP 8 database documentation*, Purdue University, U.S.A., 20 pp.

Parry, M., Rosenzweig, C., Iglesias, A., Fischer, G., and Livermore, M. (1999) Climate change and world food security: a new assessment. *Global Environmental Change*, **9**, S 51-S 67.

Parry, M. L., Rosenzweig, C., Iglesias, A., Livermore, M., and Fischer, G. (2004) Effects of climate change on global food production under SRES emissions and socio-economic scenarios. *Global Environmental Change*, **14**, 53-67.

Ray, D. K., Ramankutty, N., Mueller, N. D., West, P. C., and Foley, J. A. (2012) Recent patterns of crop yield growth and stagnation. *Nature Communications*, **3**, 1293, 1-7.

Rosenzweig, C., Elliott, J., Deryng, D., Ruane, A.C., Müller, C., Arneth, A., Boote, K.J., Folberth, C., Glotter, M., Khabarov, N., Neumann, K., Piontek, F., Pugh, T.A.M., Schmid, E., Stehfest, E., Yang, H., and Jones, J.W. (2014) Assessing agricultural risks of climate change in the 21st century in a global gridded crop model intercomparison. *PNAS*, **111**, 3268-3273.

Rosenzweig, C., Jones, J. W., Hatfield, J. L., Ruane, A. C., Boote, K. J., Thorburn, P., Antle, J. M., Nelson, G. C., Porter, C., Janssen, S., Asseng, S., Basso, B., Ewert, F., Wallach, D., Baigorria, G., and Winter, J. M. (2013) The agricultural model intercomparison and improvement project (AgMIP) protocols and pilot studies. *Agricultural and Forest Meteorology*, **170**, 166-182.

Rötter, R. and van de Geijn, S. C. (1999) Climate change effects on plant growth, crop yield and livestock. *Climate Change*, **43**, 651-681.

Sen, A. (1981) *Poverty and famines: an essay on entitlement and deprivation*. Oxford University Press, UK, 272 pp. （アマルティア・セン著、黒崎卓・山崎幸治訳『貧困と飢餓』岩波書店、2000)

霜田善道・田部秀一（1990）補間、近似（第 7 章)、大野豊・磯田和男監修．新版数値

計算ハンドブック. オーム社. pp. 701-708.

United States Department of Agriculture (USDA) (1994) *Major world crop areas and climate profiles*. Agricultural Handbook, **664**, World Agricultural Outlook Board, Washington, D. C., U.S.A., 279 pp.

Van Vuuren, D. P., Edmonds J., Kainuma, M., Riahi, K., Thomson, A., Hibbard, K., Hurtt, G. C., Kram, T., Krey, V., Lamarque, J., Masui, T., Meinshausen, M., Nakicenovic, N., Smith, S. J., and Rose S.K. (2011) The representative concentration pathways: an overview. *Climate Change*, **109**, 5-31.

Vedenov D. and Pesti, G. M. (2008) A comparison of methods of fitting several models to nutritional response data. *Journal of Animal Science*, **86**, 500-507.

Yokozawa, M., Goto, S., Hayashi, Y., and Seino, H. (2003) Mesh climate data for evaluating climate change impacts in Japan under gradually increasing atmospheric CO_2 concentration. *Journal of Agricultural Meteorology*, **59**, 117-130.

あとがき

2001 年度から 2005 年度にかけて、総合科学技術会議の地球温暖化イニシャチブに基づく農業環境技術研究所の交付金特別研究「地球規模の環境変動に伴う食料変動予測に関する技術開発」では、国際農林水産業研究センターは、課題「社会的要因を考慮した食料変動予測手法の開発」を担当し、従来の世界食料モデルの収量関数に気候変数を取り込み、気候変動の予測を可能とするモデルを開発した。

この手探りで始めた研究は、我が国における気候変動の世界の食料需給に与える影響評価分析の嚆矢となったと考えられる。このプロジェクトにおいて、気象、作物モデル、土壌の第一線で活躍される専門家らから多くを学ぶことができたことは幸いであった。その後、2005 年度から 2009 年度にかけて地球環境研究総合推進費 S-4 に関わり、先に開発した世界食料モデルを気候変数に地域的な相関を考慮した乱数を発生させる確率モデルに発展させた。

応用一般均衡モデルを用いた分析や消費者の選好分析を専門とする研究者と共に、これらの経験を踏まえて、2010 年度から 2014 年度にかけて、農林水産省の気候変動に関わる委託プロジェクト研究の一分野である「農林水産分野における温暖化緩和技術及び適応技術の開発」において、サブプロジェクト A-7「地球温暖化が農林水産分野に与える経済的影響評価」を担当した。課題名では「影響評価」となっているが、農林水産省が求めたことは、影響評価よりも、他のサブプロジェクトで開発される緩和及び適応技術の経済的評価であった。この極めて困難な課題に対して A-7 系のメンバーは積極的に応じ、本書においてその回答の一部を記したところである。

農業の緩和技術の開発分野では、すでに LCA の研究が進み、そのシステム境界のプロジェクト内での統一とそれを踏まえた影響評価が求められたが、目的である国民経済的な技術評価との間に乖離があり、全国、あるいは地域別の計量経済モデルの開発を優先させた。懸案であった、個別の緩和技術の評価については、小林がモデルを開発し、第 2 章で示した GHG 削減効率、農産物の生産効率、導入可能性の 3 つの指標を基に各技術を相互比較する方法を提示した。

適応技術の評価については、代表的な技術について、阿久根が第1章で示したように応用一般均衡モデルを用いて経済厚生の変化について示し、各サブプロジェクトで開発された個別の技術については、小林が応用一般均衡モデルを簡易化したモデルを開発し、それを各技術の開発者に配付して、それぞれが独自に評価する体制とした。

気候変動の影響は長期にわたり、現在、国産品で賄われている農産物も、将来、輸入品に置き換わっている可能性がある。合崎は、そのような、実際のデータがない状況での国産品と輸入品の代表的な農産物の代替関係を第3章で示した。

気候変動の影響評価については、徳永らが生産関数を用いて地域農業に与える影響を分析し、國光らが応用一般均衡モデルを用いて他産業に与える影響を分析し、さらに古家が作物モデルを組み込んだ収量関数を用いて各国の主要作物の生産への影響を分析し、それぞれ第4~7章に示した。

これらの技術の評価方法、分析方法、開発したモデルなどが、今後の気候変動や食料安全保障に関わる研究の参考となれば幸いである。

もちろんこれらの分析は、A-7系単独で為し得たものではなく、他のサブプロジェクトの協力に多くを依存した。A-4系から、実測値およびIPCCのAR 4とAR 5の気候変動シナリオ別、GCM別の気温、日射量、降水量、相対湿度、地上風速等の月別気候データを世界各国および我が国の県別地域別に集計していただき、提供していただいた。これらのデータが無ければ、各モデルの開発は不可能であった。ここに記して感謝したい。

また、2010年度において、A-1系～A-6系（1系～6系）の課題担当者に対して、それぞれの開発された技術について、アンケートを実施し、回答をいただいた。さらに、2014年度においても、A-1系～A-3系の課題担当者にアンケートを行い、回答をいただいた。それらのデータを基に緩和技術の評価を行い、また、適応技術の評価モデルの開発を行った。ご協力いただいた各研究者に深く感謝したい。

計量経済分析を専門とする社会科学系の研究者のみから構成されたサブプロジェクトは、過去においても希な存在であり、専門用語はもとよりモデル開発や論文作成に要する時間など関係者にはなかなか理解されず、苦しい時期があった。

しかしながら、農林水様々な分野、および経済分野の第一級の研究者と共に、5年間通してプロジェクトに関わることができたことは、これ以上ない良き経験であった。

2016年9月

古家　淳

索　引

［た］

［な］

［は］

執筆者一覧

古家　淳（ふるや　じゅん）
国際農林水産業研究センター社会科学領域・プロジェクトリーダー
専門分野：農業経済学、開発経済学
執筆担当：はじめに、序章、第 7 章、あとがき

阿久根　優子（あくね　ゆうこ）
麗澤大学大学院経済研究科・准教授
専門分野：食料経済学、地域経済学、応用計量経済学
執筆担当：第 1 章

小林　慎太郎（こばやし　しんたろう）
国際農林水産業研究センター社会科学領域・主任研究員
専門分野：環境経済学、農業経済学
執筆担当：第 2 章

合崎　英男（あいざき　ひでお）
北海道大学大学院農学研究院農業経済学分野・准教授
専門分野：農業経済学
執筆担当：第 3 章

徳永　澄憲（とくなが　すみのり）
麗澤大学大学院経済研究科・教授
専門分野：農業経済学、地域経済学、開発経済学
執筆担当：第 4 章（共著）

沖山　充（おきやま　みつる）
麗澤大学経済社会総合研究センター・客員研究員
専門分野：産業政策、地域経済学、応用計量経済学
執筆担当：第 4 章（共著）

池川　真里亜（いけがわ　まりあ）
農林水産省農林水産政策研究所食料・環境領域・研究員
専門分野：農業経済学、地域経済学、応用計量経済学
執筆担当：第 4 章（共著）

國光　洋二（くにみつ　ようじ）
農業・食品産業技術総合研究機構農村工学研究部門地域資源工学研究領域資源評価ユニット・ユニット長
専門分野：農業経済学、地域経済学、公共施策、農村計画学
執筆担当：第 5 章（共著）、第 6 章

工藤　亮治（くどう　りょうじ）
岡山大学大学院環境生命科学研究科・准教授
専門分野：流域水文学
執筆担当：第 5 章（共著）

2016

気候変動の
農業への影響と
対策の評価

検印省略

©著作権所有

定価（本体1500円＋税）

2016年9月30日　第1版第1刷発行

編著者　古（ふる）家（や）　淳（じゅん）

発行者　国立研究開発法人
国際農林水産業研究センター
〒305-8686
茨城県つくば市大わし1-1
TEL 029(838)6313(代表)

発売者　株式会社 養賢堂
代表者 及川　清

印刷者　岩見印刷株式会社

発売所　株式会社 養賢堂
〒113-0033 東京都文京区本郷5丁目30番15号
TEL 東京(03)3814-0911　振替00120
FAX 東京(03)3812-2615　7-25700
URL http://www.yokendo.com/

ISBN978-4-8425-0551-0　C3061

PRINTED IN JAPAN